CW01572725

LE CARNET SCIENTIFIQUE

Né à Nantes en 1971, Mathieu Vidard est depuis 2006 le producteur et l'animateur de «La tête au carré» sur France Inter et auteur chez Grasset de *Dans les secrets du ciel* (2014). Chaque jour de la semaine, il s'intéresse à l'actualité de toutes les sciences par le biais de la vulgarisation, de l'éclectisme et de la pédagogie. Il présente également depuis la rentrée 2017 un édito scientifique dans la matinale de France Inter et anime le prime time «Science grand format» sur France 5.

MATHIEU VIDARD

Le Carnet scientifique

astronomique, zoologique, psychologique,
chimique, biologique, mathématique,
climatique, anatomique, ethnologique,
physiologique, linguistique, physique,
anthropologique, géologique, météorologique...

EN COLLABORATION AVEC ANATOLE TOMCZAK

GRASSET

Voici dix ans que je reçois des scientifiques qui racontent avec précision et passion leurs travaux et la science, ce qu'elle est et ce qu'elle devient, chaque jour, au gré de leurs découvertes.
Ces rendez-vous quotidiens ont été, sont des rencontres extraordinaires. Ces conversations m'ont souvent fasciné, tout en nourrissant mes réflexions et mon imaginaire aussi. La science n'est pas une matière sèche ; elle est dans nos vies.
Je tiens des carnets de notes, de remarques et d'observations depuis tout ce temps. Tout ce qui m'a marqué, amusé ou intrigué s'y trouve. En voici un choix, pour marquer ces dix ans de passion partagée. Vive la république du savoir. Vive la science.

Retrouvez l'émission « La Tête au carré »
de Mathieu Vidard sur le site de France Inter

Illustrations : Graph & Co
D'après une maquette et mise en pages de Paul-Raymond Cohen

À l'équipe de la Tête au carré qui navigue avec moi depuis dix ans et par tous les temps sur les eaux scientifiques...

L'INFINI

L'infini a son symbole, ce huit étiré et couché à l'horizontale. Il a été inventé par le mathématicien anglais John Wallis, qui l'utilisa pour la première fois dans son traité *De sectionibus conicis* (« Des sections coniques », 1655). Il n'explique pas son choix, même si on comprend facilement qu'il s'agit d'une courbe que l'on peut parcourir à l'infini, comme la « lemniscate » décrite par le Suisse Jacques Bernoulli à la même époque et qui lui ressemble beaucoup dans la forme. Une autre inspiration possible serait le chiffre romain CIↃ, qui signifie mille, ou même l'oméga grec (ω).

BONJOUR ET AU REVOIR

Chaque seconde, on enregistre en moyenne 1,9 décès et 4,41 naissances dans le monde. Cela représente 158 857 décès et 380 222 nouveau-nés par jour. Ainsi la population mondiale s'accroît-elle annuellement d'environ 86 millions de personnes. Ce taux d'accroissement de 1,2 % est cependant en baisse constante depuis le pic des années 1960.

ÂGE DE L'UNIVERS DEPUIS LE BIG BANG

13,8 milliards d'années

UNE BRÈVE HISTOIRE DU TEMPS

JANVIER **FÉVRIER** **MARS**

AVRIL

1er janvier :
Big
Bang

AOÛT **JUILLET** **JUIN** **MAI**

1er mai :
formation
de la Voie lactée

SEPTEMBRE

9 septembre :
formation
du système solaire

14 septembre :
formation
de la Terre

25 septembre :
origines de la vie
sur terre

OCTOBRE

2 octobre :
formation des plus vieilles roches
connues sur terre

9 octobre :
fossilisation des plus vieux
organismes vivants

NOVEMBRE

12 novembre :
premières cellules
de type eucaryote (à noyaux)

1er novembre :
apparition du sexe dans
les micro-organismes

1er décembre :
formation d'une atmosphère terrestre dotée de dioxygène

15 décembre :
explosion du Cambrien

17 décembre :
premiers invertébrés

18 décembre :
plancton océanique et trilobites

19 décembre :
poissons et premiers invertébrés

20 décembre :
premières plantes sur la terre ferme

21 décembre :
le silurien : envahissement de la terre ferme par les plantes

22 décembre :
premiers amphibiens et insectes volants

23 décembre :
premiers arbres et reptiles

25 décembre :
apparition des dinosaures

26 décembre :
premiers mammifères

27 décembre :
premiers oiseaux

28 décembre :
début du Crétacé

30 décembre :
fin du Crétacé, disparition des dinosaures

31 décembre :
12h : apparition des cétacés et des primates
18h : apparition des mammifères géants
21h : apparition de l'australopithèque
23h50 : domestication du feu
23h56 : apparition d'*Homo sapiens*
23h58 : apparition de l'homme de Cro-Magnon et peuplement des Amériques

31 décembre à 23 h 59 :
35s : invention de l'agriculture
51s : invention de l'alphabet
56s : naissance de Jésus de Nazareth
57s : naissance du prophète Mahomet
58s : croisades
59s : période de la Renaissance

LA MAIN SUR LE CŒUR... À DROITE

Il arrive que des personnes aient le cœur situé à droite ; on parle alors de *situs inversus*. C'est une maladie congénitale due à l'inversion symétrique, dès la formation de l'embryon, de la position des organes par rapport à l'axe droite-gauche. C'est au stade embryonnaire que le petit être humain, jusqu'alors parfaitement symétrique, « découvre » sa droite et sa gauche lors d'une étape clef nommée « brisure de symétrie ». Son cœur, qui n'est au départ qu'un simple tube, va se cloisonner en deux, trois et enfin quatre chambres. Il devient un organe composé de deux parties au fonctionnement distinct : le demi-cœur droit est spécialisé dans l'envoi du sang « pauvre » vers les poumons, quand le demi-cœur gauche recueille le sang oxygéné à la sortie des poumons et le propulse dans tout l'organisme. C'est cette bifonctionnalité du cœur qui entraîne, mécaniquement, son décalage de position. Ainsi le poumon gauche n'a-t-il que deux lobes, contre trois pour le poumon droit. Ce genre de malformations du cœur atteindrait un individu sur dix mille environ.

CŒUR DE GIRAFE

Il pèse 14 kilos en moyenne soit 2 % du poids total de l'animal.
La circulation du sang est un défi incroyable. Le cœur de la girafe doit irriguer un cerveau qui est situé 2,50 mètres plus haut.

QUAND 2 SECONDES SE SERONT ÉCOULÉES...

274 000 mégots de cigarettes auront été jetés par terre dans le monde. Il faut environ 12 ans pour qu'un mégot se dégrade complètement.

KING KONG
A BIEN VÉCU SUR TERRE

Nom : Gigantopithèque.
Taille : Deux à trois mètres de haut.
Poids : 200 à 500 kilos.
A vécu sur terre il y a un million d'années.

Ce primate est sans doute le plus grand singe ayant existé sur terre. Dans une étude publiée en janvier 2016 dans la revue *Quaternary International*, les chercheurs du Centre Senckenberg pour l'évolution humaine et le paléo-environnement en Allemagne racontent qu'ils ont retrouvé quatre mâchoires inférieures et des centaines, voire des milliers de dents isolées d'un primate géant. C'est en étudiant l'émail des dents de ce singe qu'ils ont pu en déduire qu'il était végétarien.

Orang-outan surdimensionné ou gorille de couleur noire, le gigantopithèque vivait uniquement dans les forêts.

En raison de sa taille, ce King Kong du Pléistocène (époque qui s'étend de 2,58 millions d'années à 11 700 ans avant le présent) avait besoin d'une grande quantité de nourriture. Ce sont sans doute les changements environnementaux qui ont été responsables de la disparition de ce singe. Son unique habitat, formé de zones boisées, s'est peu à peu transformé en savanes herbeuses, rendant ses ressources alimentaires insuffisantes.

VARIATIONS DE LA TAILLE HUMAINE

TAILLE MOYENNE DE QUELQUES POPULATIONS VERS 1960

Population	Taille moyenne en cm
Monténégrins	178
Anglais	173
Français	170
Mbuti (pygmées)	137

TAILLE MOYENNE DE QUELQUES POPULATIONS EN 2016

Pays	Hommes	Femmes	Âge
Allemagne	182,3 cm	173 cm	adultes
Australie	178,4 cm	166,9 cm	18 - 24 ans
Belgique	179,5 cm	168 cm	adultes
Canada	174 cm	167 cm	18 - 24 ans
	177 cm	168 cm	
Croatie	182 cm	172 cm	
Danemark	182,1 cm	173,2 cm	
Espagne	178,5 cm	167,3 cm	
États-Unis	176,5 cm	167,6 cm	adultes
	177,7 cm	168,1 cm	15 - 25 ans
Finlande	182,6 cm	171,5 cm	
France	175 cm	167 cm	adultes
	176,1 cm	167,9 cm	16 - 25 ans
Grèce	178 cm	171 cm	adultes
Italie	175,2 cm	165,1 cm	
Japon	172,6 cm	162 cm	adultes
Luxembourg	179,1 cm	169,6 cm	15 - 25 ans
Monténégro	185,6 cm	174,3 cm	

Norvège	179,7 cm	170,9 cm	18 - 19 ans
Nouvelle-Zélande	177 cm	166 cm	19 - 45 ans
Pays-Bas	180,8 cm	170,3 cm	
	184 cm	173,6 cm	21 ans
Portugal	173,7 cm	165 cm	
République tchèque	178 cm	167,5 cm	
Roumanie	172 cm	164 cm	adultes
Suède	177,2 cm	166 cm	
	181,1 cm	170,9 cm	16 - 24 ans
Suisse	178,4 cm	168 cm	
Tonga	169,4 cm	156,2 cm	15 - 16 ans
Turquie	175 cm	167,2 cm	
Ukraine	176,5 cm	168,5 cm	

ON A TOUS QUELQUE CHOSE EN NOUS DE NÉANDERTAL

C'est seulement depuis 2010 que l'on sait, par l'intermédiaire d'un article fleuve publié par une équipe de chercheurs internationaux dans la revue *Science*, que notre ADN contient certains gènes hérités de l'homme de Néandertal. Combien exactement ? On estime que les humains actuels d'origine européenne ou asiatique possèdent tous 1 à 3 % du génome de leur cousin disparu il y a 30 000 ans. La proportion peut paraître faible, mais si l'on met bout à bout tous les morceaux d'ADN néandertalien éparpillés dans les individus, ce serait au total 20 % du génome de Néandertal qui subsisterait globalement dans les populations modernes. Si nous avons des gènes néandertaliens, est-ce à dire que… ? Oui, *Homo sapiens* et *Homo neanderthalensis* se sont bien accouplés à plusieurs occasions. Ce serait donc lors de sa sortie d'Afrique qu'*Homo sapiens* aurait croisé sur sa route des populations néandertaliennes, avant de se répandre dans tout l'ancien monde. Cela explique aussi pourquoi les populations africaines ne présentent pas cet héritage génétique : il n'y a pas eu de croisement entre leurs ancêtres et ce cousin eurasiatique. Pour les autres, en quoi consiste le legs néandertalien ? Principalement dans les gènes qui influencent les caractéristiques de la peau. L'hérédité de Néandertal se trouverait aussi dans des gènes associés à certaines maladies humaines.

240 MILLIONS D'ANNÉES

C'est l'âge du plus ancien fossile de mouche retrouvé à ce jour : une mouche qui s'est sans doute posée un jour sur un dinosaure...

COMBIEN PÈSE L'HUMANITÉ ?

En 2012, des chercheurs de la London School of Hygiene and Tropical Medicine ont tenté d'estimer le poids de l'ensemble des 4,6 milliards d'individus adultes sur terre. Total : 287 millions de tonnes, soit 5 400 *Titanic*. 15 millions de ces tonnes seraient dues au surpoids (IMC compris entre 25 et 30) et 3,5 millions à l'obésité (IMC supérieur à 30). Le titre de population la plus lourde en moyenne revient aux Américains. Si nous étions tous aussi gros qu'eux, la biomasse humaine totale serait augmentée de 58 millions de tonnes : cela équivaut à 935 millions d'habitants supplémentaires sur la planète.

LA BANQUE DE SPERME DES GÉNIES

En 1982, Robert Klark Graham, homme d'affaires américain ayant fait fortune dans les verres de monocle en plastique, s'investit d'une mission : « restituer un certain niveau d'intelligence » dans la société en crise. Il fonde pour cela le Dépôt pour le choix germinal, banque de sperme exclusivement réservée aux lauréats du prix Nobel. Peu inquiet des questions d'éthique, Graham veut recueillir ces gamètes d'exception afin de permettre à des couples infertiles d'enfanter à leur tour de futurs génies. Les années passent et son appel ne rencontre pas le succès escompté : seul un nobélisé accepte de donner sa semence, le physicien William Shockley, connu entre autres pour ses théories eugénistes et ses propos sur l'infériorité héréditaire des Noirs par rapport aux Blancs. Graham est obligé d'assouplir ses critères : sont acceptés tous les hommes au QI particulièrement élevé, beaux de préférence, et aussi les médaillés olympiques. Jusqu'en 1999, date de la fermeture de l'institution, deux ans après la mort de son fondateur, environ 220 bébés auront été conçus avec ces gènes prétendument hors du commun. Ils sont aujourd'hui adolescents ou jeunes adultes, et certains ont été retrouvés par des journalistes américains. Alors, sont-ils les dignes héritiers de leurs illustres géniteurs ? Parmi eux, un répare des toits, une autre joue des seconds rôles dans des séries télé, une autre encore donne des cours de yoga... Ce palmarès semble loin du projet initial de Robert Graham, qui était de donner naissance à ceux qui inventeraient le remède contre le cancer. Et ce n'est pas plus mal.

NOUVELLES STARS 1/5
espèces nommées d'après des célébrités

De nouvelles espèces se découvrent tous les jours et après les avoir décrites et classifiées, il convient de les baptiser. Leur nom peut être choisi en référence à certains de leurs caractères physiques, au lieu où elles vivent ou encore au scientifique qui les a identifiées. Mais parfois, les biologistes profitent de cette occasion pour honorer une personnalité, morte ou vivante, qui les inspire particulièrement. Ces hommages peuvent être de circonstance (quand ils sont adressés à un dirigeant politique), de « ressemblance » (ainsi la mouche Beyoncé possède-t-elle un « postérieur proéminent » et un abdomen doré) ou de pure facétie. Voici une liste non exhaustive de ces espèces portant un taxonyme illustre :

Personne(s) honorée(s)	Genre ou espèce	Type	Remarque
Albert Ier de Monaco	*Grimaldichthys profondissimus*	Poisson	
Paul Allen (cofondateur de Microsoft)	*Eristalis alleni*	Mouche	
Attila	*Crocidura attila*	Musaraigne	
Jean-Sébastien Bach	*Bachiana*	Guêpe	
Ludwig van Beethoven	*Gnathia beethoveni*	Crustacé	
Peter Benchley (auteur des *Dents de la mer*)	*Etmopterus benchleyi*	Poisson (requin)	

Bono	*Aptostichus bonoi*	Araignée	L'araignée vit dans le Parc national de Joshua Tree (États-Unis) et a été nommée en hommage à l'album de U2 *The Joshua Tree* (1987).
David Bowie	*Heteropoda davidbowie*	Araignée	
James Brown	*Funkotriplogynium iagobadius*	Acarien	*Iago* est l'équivalent latin de James, et *badius* signifie brun (*brown*) en latin.
Buddha	*Buddhaites*	Ammonite	
George W. Bush	*Agathidium bushi*	Scarabée	
Caligula	*Caligula*	Mite	
James Cameron	*Pristimantis james-cameroni*	Grenouille	
Giacomo Casanova	*Cyclocephala casanova*	Scarabée	
Johnny Cash	*Aphonopelma johnnycashi*	Araignée (tarentule)	
Charlie Chaplin	*Campsicnemus charliechaplini*	Mouche	
Le prince Charles	*Hyloscirtus princecharlesi*	Grenouille	
Noam Chomsky	*Megachile chomskyi*	Abeille	
Frédéric Chopin	*Fernandocrambus chopinellus*	Mite	
Petula Clark	*Petula*	Mite	
John Cleese (Monty Python)	*Avahi cleesei*	Lémurien	
Madonna	*Echiniscus madonnae*	Ourson d'eau	
Magellan	*Magellanana*	Guêpe	
Nelson Mandela	*Australopicus nelsonmandelai*	Oiseau (pic-vert) éteint	

Bob Marley	*Gnathia marleyi*	Crustacé	
Karl Marx	*Marxella* et *Marxiana*	Guêpes	
Freddie Mercury (Queen)	*Heteragrion fred-diemercuryi*	Demoiselle	
Metallica	*Metallichneumon neurospastarchus*	Guêpe	Le nom de l'espèce signifie « chef des pantins » en grec, en référence à l'album du groupe *Master of Puppets* (1986).
Marilyn Monroe	*Norasaphus monroeae*	Trilobite	La glabelle de ce trilobite, c'est-à-dire sa tête, a une forme de sablier qui rappel-lerait la silhouette de Marilyn.
Jim Morrison	*Barbaturex morri-soni*	Reptile (iguane) éteint	
Mozart	*Eleutherodactylus amadeus*	Grenouille	
Muse (groupe)	*Goniozus musae*	Guêpe	
Benito Mussolini	*Rubus mussolinii*	Plante (mûrier)	
Vladimir Nabokov	*Nabokovia*	Papillon	
Napoléon Ier	*Napoleonaea impe-rialis*	Plante (nénu-phar)	
Pablo Neruda	*Neruda*	Papillon	
Barack Obama	*Aptostichus barack-obamai*	Araignée	
Eva Perón	*Evita*	Mite	
Pink Floyd	*Cephalonomia pink-floydi*	Guêpe	
Max Planck	*Pristionchus maxplancki*	Ver	
Platon	*Plato*	Araignée	

Elvis Presley	*Preseucoela imall-shookupis*	Guêpe	Le genre est nommé d'après le chanteur quand l'espèce fait référence au refrain de sa chanson « All Shook Up » (1957).
Raphaël (peintre)	*Raffaellia, Raphaelana* et *Raphaelonia*	Guêpes	
Robert Redford	*Hydroscapha redfordi*	Scarabée	
Lou Reed	*Loureedia*	Araignée	
Ernest Renan	*Renaniana*	Guêpe	
Franklin D. Roosevelt	*Siriella roosevelti*	Crustacé	
Theodore Roosevelt	*Crocidura roosevelti*	Musaraigne	
Arnold Schwarzenegger	*Agra schwarzeneggeri*	Scarabée	Le fémur des pattes médianes de ce scarabée, particulièrement développé, rappellerait les biceps de l'acteur américain.

Des personnages de fiction ont aussi inspiré les biologistes. Un genre de requins porte le nom de *Iago*, en référence au personnage maléfique d'*Othello*, et une araignée hawaïenne, *Tetragnatha quasimodo*, rend hommage au *Bossu de Notre-Dame*. Une espèce du genre *Han* (trilobite) a reçu le nom de *Han solo*, en référence au personnage de *Star Wars*. La saga cinématographique a également inspiré le nom d'un genre d'acariens australiens (*Darthvaderum*), d'un ver marin (*Yoda purpurata*), d'une guêpe particulièrement velue (*Polemistus chewbacca*), d'un poisson-chat (*Peckoltia greedoi*) et d'un coléoptère (*Trigonopterus chewbacca*). Bob l'éponge a même servi à baptiser, non une éponge, mais un champignon d'apparence spongieuse : *Spongiforma squarepantsii* (du nom original de la série animée, *SpongeBob SquarePants*).

PANDÉMIE D'OBÉSITÉ

650 millions d'adultes sont actuellement obèses dans le monde, ce qui représente 13 % de la population adulte selon une étude du *Lancet* parue en avril 2016.

Par extrapolation, si l'épidémie d'obésité se maintient au même rythme, le pourcentage de personnes en surpoids pourrait atteindre 20 % d'ici 2025 et concerner 18 % des hommes et 21 % des femmes dans le monde. Est considérée comme obèse selon l'Organisation mondiale de la santé (OMS) une personne dont l'indice de masse corporelle (IMC, qui correspond au rapport entre poids et taille au carré) dépasse les 30 kilos/m².

RELATIVITÉ DU TEMPS

Voici une vie humaine de 90 ans représentée en années :

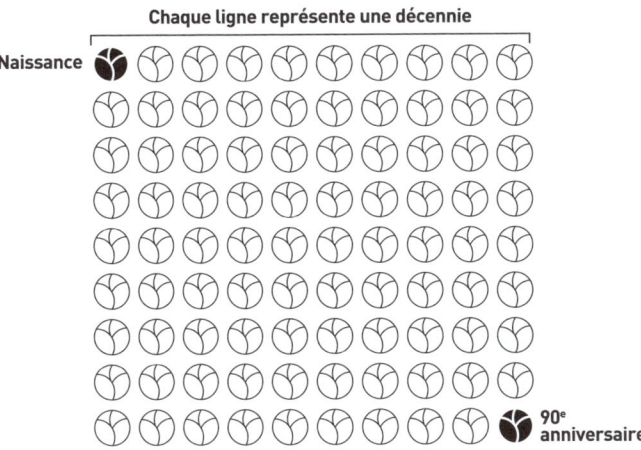

Voici maintenant cette même vie humaine représentée en semaines :

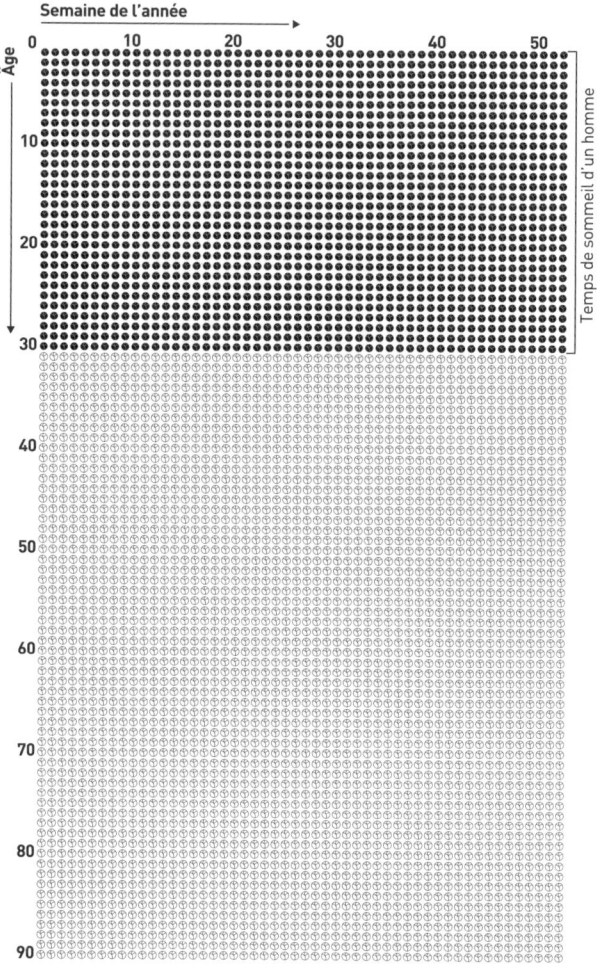

À 90 ans, un individu a consacré 30 ans de sa vie à dormir, et entre 7 et 8 ans à rêver.

TEMPS DE GESTATION

La durée de gestation correspond au temps qui s'écoule, chez les femelles vivipares, entre la fécondation et la mise bas du petit.

Hamster : 16 jours.
Souris : 21 jours.
Rate : 21 à 24 jours.
Lapine : 28 à 31 jours.
Marmotte : 1 mois.
Belette : 35 jours.
Koala : 35 jours.
Furette : 42 jours.
Renarde : 7 à 8 semaines.
Chatte : 60 à 65 jours.
Chienne : 59 à 63 jours.
Biche : 9 semaines.
Louve : 61 à 63 jours.
Cochon d'Inde : 72 jours.
Castor : un peu plus de 100 jours.
Léoparde : 13 à 15 semaines.
Tigresse : 105 jours.
Lionne : 110 jours.
Truie et laie : 115 jours.

Brebis : 146 à 158 jours.
Chèvre : 150 jours.
Ourse polaire : 5 mois.
Ourse brune : 7 mois et demi.
Gorille : 250 à 270 jours.
Humaine : 273 jours (9 mois).
Vache : 280 jours.
Chevrette : 280 jours.
Phoque : 9 mois et demi à 11 mois.
Baleine bleue : 336 jours.
Jument : 320 à 360 jours.
Ânesse : 365 jours.
Baleine à bosse : 365 jours.
Grand dauphin : 365 jours.
Zébrelle : 375 jours.
Girafe : 427 à 457 jours.
Morse : 460 jours.
Orque : 547 à 550 jours.
Éléphante : 600 à 660 jours.

L'« HOMME BLANC » N'EXISTE QUE DEPUIS 8 000 ANS

Notre espèce, *Homo sapiens*, est apparue en Afrique il y a 200 000 ans environ, d'où elle a ensuite essaimé sur tous les continents. On sait que les premiers hommes arrivés en Europe il y a 40 000 ans étaient noirs. Des anthropologues américains ont estimé en 2015 que la peau blanche est un caractère physiologique bien moins ancien qu'on ne le croyait. Leur étude révèle que les populations de chasseurs-cueilleurs installés en Espagne, au Luxembourg ou en Hongrie il y a 8 500 ans avaient aussi la peau pigmentée. Selon eux, ce n'est qu'à partir du sixième millénaire avant notre ère que les peaux ont commencé à s'éclaircir. Ce blanchiment serait dû à une adaptation au soleil, plus rare dans les zones tempérées que près de l'équateur : moins la peau contient de mélanine, plus elle capte la vitamine D, essentielle pour la santé des os.

QUAND 2 SECONDES SE SERONT ÉCOULÉES...

9 800 kilos de poissons auront été pêchés dans le monde. Cela représente 154 millions de tonnes chaque année. À ce rythme, 2048 pourrait être l'année du dernier poisson comestible à peupler nos océans : c'est la conclusion très alarmiste d'une étude américano-canadienne parue en 2006 dans la revue *Science*. Selon ses auteurs, si les hommes continuent à exploiter les ressources maritimes comme ils le font aujourd'hui, la quasi-totalité des poissons et des crustacés pêchés pour la consommation pourrait avoir disparu avant le milieu du siècle. La morue de l'Atlantique nord a déjà atteint un point de non-retour et est considérée comme quasiment éteinte. Cette projection funeste a été confirmée par un rapport du Programme des Nations unies pour l'environnement en 2008. Il n'y a pas que la variété de nos menus qui soit menacée. Une telle hécatombe achèverait de mettre en péril l'écosystème planétaire. Les scientifiques comptent sur une prise de conscience rapide des pouvoirs publics et des pêcheurs. Selon la FAO (l'Organisation des Nations unies pour l'alimentation et l'agriculture), 87 % des stocks de poissons sauvages étaient surexploités en 2012.

TABLEAU PÉRIODIQUE DES ÉLÉMENTS

La classification périodique des éléments, également appelée « tableau de Mendeleïev », du nom du chimiste russe qui l'inventa vers 1869, regroupe de façon synthétique tous les atomes connus. Ceux-ci sont classés en fonction de leur « numéro atomique ». Le noyau d'un atome peut être schématisé de la façon suivante : il est composé d'une agglomération de protons (particules portant une charge électrique positive) et de neutrons (particules portant une charge neutre) ; autour de lui gravite un nuage d'électrons, particules chargées négativement. Le numéro atomique d'un atome correspond à son nombre de protons, mais aussi d'électrons, puisque ceux-ci sont égaux (sans quoi les atomes ne seraient pas neutres électriquement).

La septième et dernière ligne de ce tableau a été officiellement comblée le 30 décembre 2015, lorsque l'Union internationale de la chimie pure et appliquée (UICPA) a validé la découverte des quatre atomes manquants. Ces derniers ont été fabriqués en laboratoire, au cours des dix dernières années, par des équipes russo-américaines

Tableau périodique des éléments

	1 IA	2 IIA	3 IIIB	4 IVB	5 VB	6 VIB	7 VIIB	8	9 VIIIB	10	11 IB	12 IIB	13 IIIA	14 IVA	15 VA	16 VIA	17 VIIA	18 VIIIA
1	hydrogène 1 H																	hélium 2 He
2	lithium 3 Li	béryllium 4 Be											bore 5 B	carbone 6 C	azote 7 N	oxygène 8 O	fluor 9 F	néon 10 Ne
3	sodium 11 Na	magnésium 12 Mg											aluminium 13 Al	silicium 14 Si	phosphore 15 P	soufre 16 S	chlore 17 Cl	argon 18 Ar
4	potassium 19 K	calcium 20 Ca	scandium 21 Sc	titane 22 Ti	vanadium 23 V	chrome 24 Cr	manganèse 25 Mn	fer 26 Fe	cobalt 27 Co	nickel 28 Ni	cuivre 29 Cu	zinc 30 Zn	gallium 31 Ga	germanium 32 Ge	arsenic 33 As	sélénium 34 Se	brome 35 Br	krypton 36 Kr
5	rubidium 37 Rb	strontium 38 Sr	yttrium 39 Y	zirconium 40 Zr	niobium 41 Nb	molybdène 42 Mo	technétium 43 Tc	ruthénium 44 Ru	rhodium 45 Rh	palladium 46 Pd	argent 47 Ag	cadmium 48 Cd	indium 49 In	étain 50 Sn	antimoine 51 Sb	tellure 52 Te	iode 53 I	xénon 54 Xe
6	césium 55 Cs	baryum 56 Ba	lanthanides 57-71	hafnium 72 Hf	tantale 73 Ta	tungstène 74 W	rhénium 75 Re	osmium 76 Os	iridium 77 Ir	platine 78 Pt	or 79 Au	mercure 80 Hg	thallium 81 Tl	plomb 82 Pb	bismuth 83 Bi	polonium 84 Po	astatite 85 At	radon 86 Rn
7	francium 87 Fr	radium 88 Ra	actinides 89-103	rutherfordium 104 Rf	dubnium 105 Db	seaborgium 106 Sg	bohrium 107 Bh	hassium 108 Hs	meitnerium 109 Mt	darmstadtium 110 Ds	roentgenium 111 Rg	copernicium 112 Cn	ununtrium 113 Uut	flerovium 114 Fl	ununpentium 115 Uup	livermorium 116 Lv	ununseptium 117 Uus	ununoctium 118 Uuo

lanthane 57 La	cérium 58 Ce	praséodyme 59 Pr	néodyme 60 Nd	prométhium 61 Pm	samarium 62 Sm	europium 63 Eu	gadolinium 64 Gd	terbium 65 Tb	dysprosium 66 Dy	holmium 67 Ho	erbium 68 Er	thulium 69 Tm	ytterbium 70 Yb	lutécium 71 Lu
actinium 89 Ac	thorium 90 Th	protactinium 91 Pa	uranium 92 U	neptunium 93 Np	plutonium 94 Pu	américium 95 Am	curium 96 Cm	berkélium 97 Bk	californium 98 Cf	einsteinium 99 Es	fermium 100 Fm	mendélévium 101 Md	nobélium 102 No	lawrencium 103 Lr

(pour les éléments 155, 117 et 118) et japonaise (élément 113). Ces nouveaux éléments artificiels sont qualifiés de « super-lourds », vu le grand nombre de protons qui constituent leur noyau. Les noms inscrits sur le tableau sont provisoires et les découvreurs auront l'honneur de proposer un nom dans le courant de l'année 2016. L'histoire n'est pas pour autant terminée : les chercheurs vont désormais s'atteler à écrire la huitième colonne du tableau, qui démarrera avec l'élément 119. Leur fabrication n'est pas encore à l'ordre du jour, car pour obtenir des éléments de cette taille, il faut bombarder des atomes déjà lourds avec des milliards et des milliards d'atomes plus légers. De nouveaux équipements devraient permettre cette prouesse dans la prochaine décennie.

QU'EST-CE QU'UNE PLANÈTE ?

Selon la définition de travail adoptée en 2006 par l'Union astronomique internationale, une planète doit remplir trois critères :

1. Être en orbite autour de son étoile.	2. Être suffisamment massive pour former une sphère.	3. Avoir nettoyé son voisinage orbital.

C'est ce dernier critère qui a valu à Pluton d'être déchue de son statut de planète. Il signifie que le corps céleste doit avoir éliminé de son voisinage tous les objets ayant une taille comparable. Or on découvre, depuis les années 2000, une quantité de petits objets dans cet espace plutonien (plusieurs milliers). Pluton a donc été reclassée en « planète naine », titre qu'elle partage avec Cérès, Hauméa, Makémaké et Éris.

EXOPLANÈTES

Une exoplanète est une planète située en dehors de notre système solaire, partout dans le reste de l'univers. Son existence est suggérée dès le XVIe siècle, mais il faut attendre les années 1990 pour que les premières exoplanètes soient directement observées.
C'est le 6 octobre 1995 que Michel Mayor et Didier Queloz, de l'Observatoire de Genève, ont annoncé la découverte de 51 Pegasi b, planète en orbite autour de l'étoile Helvetios, située à environ 51 années-lumière de notre Soleil. L'équipe de chercheurs n'avait d'abord pas cru à sa

découverte, car cette exoplanète est une géante gazeuse, comme Jupiter, située pourtant extrêmement près de son étoile. Sa période orbitale est de 4,2 jours, alors qu'en vertu de ce que nous avions appris de notre système solaire, on pensait qu'une planète de ce type ne pouvait pas faire sa révolution complète en moins de dix ans. Une fois son existence confirmée, les astronomes ont ajouté un nouveau type de planètes à leur nomenclature, les « Jupiter chauds ». L'hypothèse actuelle dit que 51 Pegasi b s'est formée loin de son étoile, mais qu'elle a migré par la suite.

Vingt et un ans plus tard, en 2016, plus de 3 500 exoplanètes ont été découvertes, quand des milliers d'autres objets se trouvent toujours en attente de confirmation. Elles présentent une grande diversité de natures : on recense des géantes gazeuses, des planètes telluriques ou encore des planètes-océan (jumelles supposées de la Terre, dont il est encore impossible de déterminer avec certitude si elles sont bien recouvertes d'eau). Parmi elles, certaines sont très proches en taille de notre planète. On a également observé tout un tas d'objets plus massifs que Jupiter, probablement des super-Jupiter, qui titillent la limite entre planète et étoile. De même que les frontières sont floues dans le nanisme planétaire (la différence est ténue entre Pluton et un gros astéroïde), on confond encore facilement une naine brune avec une planète géante.

Aucun système proche de notre système solaire n'a pour l'instant été découvert. Ceux recensés regroupent beaucoup de planètes très proches les unes des autres avec des orbites beaucoup plus elliptiques. Si l'on considère notre système solaire d'en haut, les orbites sont quant à elles presque circulaires et les planètes assez espacées les unes des autres. Mais le satellite Gaia, lancé en 2013, devrait bientôt fournir aux scientifiques quantité d'informations nouvelles concernant les exoplanètes.

BREAKING NEWS : EXOPLANÈTES

En avril 2016, on apprenait que la première preuve scientifique de l'existence des exoplanètes daterait de 1917, soit 78 ans avant leur véritable découverte en 1995. Un choc ! En réexaminant les archives photographiques de l'Observatoire de Carnegie, des chercheurs londoniens ont découvert sur une vieille plaque photographique en verre la trace indiscutable d'une anomalie caractéristique d'une ou plusieurs exoplanètes autour d'une naine blanche... Une information impossible à interpréter à l'époque compte tenu des connaissances très limitées autour de ces astres massifs...

ESPÈCES MENACÉES

L'Union internationale pour la conservation de la nature (UICN) est la principale ONG mondiale consacrée à cette question. Fondée en 1948, elle siège à Gland en Suisse. Depuis 1964 elle tient une « liste rouge » des espèces menacées qui constitue l'inventaire le plus complet de l'état de conservation des espèces animales ou végétales. Les espèces évaluées sont réparties en neuf catégories :

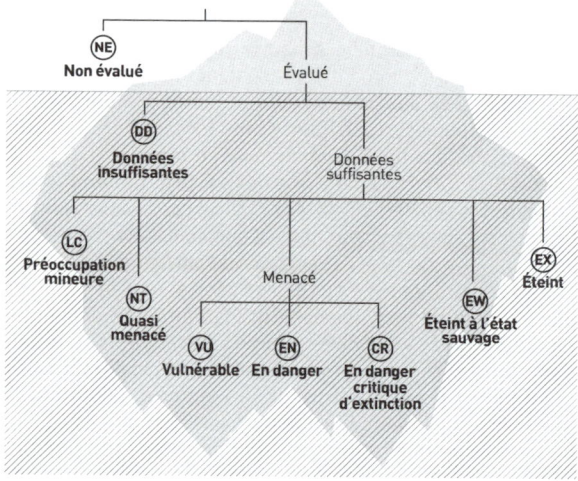

- Espèce disparue.
- Espèce ayant disparu de la nature et ne survivant qu'en captivité.
- Trois catégories d'animaux
  en danger de disparition :
    o En danger critique d'extinction.
    o En danger.
    o Vulnérable.
- Quasi menacé.
- Préoccupation mineure.
- Données insuffisantes.
- Non évalué.

Chaque catégorie est complétée par des critères quantitatifs pour préciser la nature du risque.

L'estimation du danger d'extinction est établie à partir de cinq critères principaux :

1. Taux de déclin **2.** Population totale **3.** Zone d'occurrence et d'occupation **4.** Degré de peuplement **5.** Fragmentation de la répartition

En 2015, environ 80 000 espèces avaient été évaluées, sur les 1 700 000 connues. L'UICN s'est concentrée en priorité sur les espèces les plus susceptibles d'être menacées, à savoir les vertébrés et, en ce qui concerne les plantes, les conifères. Parmi ces espèces, 41 % des amphibiens, 13 % des oiseaux et 25 % des mammifères sont menacés d'extinction au niveau mondial. C'est également le cas pour 31 % des requins et raies, 33 % des coraux constructeurs de récifs et 34 % des conifères.

LISTE DES ESPÈCES LES PLUS MENACÉES 1/6

En 2012 l'UICN, en collaboration avec la Zoological Society of London, a établi une liste des cent espèces considérées comme les plus menacées d'extinction. Un tel « palmarès » ne peut pas être actualisé tous les ans car si l'UICN attribue aux espèces un statut de conservation, il est très difficile de comparer précisément les degrés de danger pour chacune d'elles. Voici cette liste, qui avait paru sous le titre provocateur *Priceless or Worthless?* (« Inestimable rime-t-il avec négligeable ? »).

Type	Espèce	Nom vernaculaire	Répartition géographique	Population estimée	Menaces
Plante	*Abies beshanzuensis*	Sapin de Baishanzu	Monts Baishanzu, Zhejiang, Chine	5 individus adultes	• agriculture • incendie
Insecte	*Actinote zikani*	Actinote zikani d'Almeida	Près de São Paulo, forêt atlantique, Brésil	Inconnue	• perte d'habitat à cause de l'expansion humaine

Reptile	*Aipysurus folio-squama*	Serpent de mer	Récif d'Ashmore et récif Hibernia, mer de Timor	Inconnue	• proba-blement la dégradation des habitats des récifs coralliens
Insecte	*Amanipo-dagrion gilliesi*	Agrion orangé	Forêt d'Amani-Sigi, montagnes d'Usamabara, Tanzanie	< 500 indi-vidus	• faible population • pollution de l'eau
Insecte	*Anisolabis seychel-lensis*	Perce-oreille des Seychelles	Morne Blanc, île de Mahé, Seychelles	Inconnue	• plantes invasives • changement climatique
Oiseau	*Antilophia boker-manni*	Manakin de Bokermann	Chapado do Araripe, sud du Ceará, Brésil	779 indi-vidus	• croissance de l'agricul-ture • installations récréatives • détourne-ment des eaux
Poisson	*Aphanius transgre-diens*		Bassins versants au sud-est du lac Aci, Turquie	Quelques centaines de couples	• compétition et prédation par *Gambusia* • construction de routes
Mammi-fère	*Aproteles bulmerae*	Roussette de Nouvelle-Guinée	Luplup-wintern Cave, Western Province, Papouasie-Nouvelle-Guinée	Approx. 150	• chasse • dérange-ment de la grotte
Oiseau	*Ardea insignis*	Héron impérial	Bhoutan, nord-est de l'India et du Myanmar	70–400 individus	• construction de barrages hydro-électriques

Oiseau	*Ardeotis nigriceps*	Outarde à tête noire	Rajasthan, Gujarat, Maharashta, Andhra Pradesh, Karnataka et Madhya, Inde	50–249 individus adultes	• développement de l'agriculture
Reptile	*Astrochelys yniphora*	Tortue à soc	Région de la baie de Baly, nord-ouest de Madagascar	440–770	• prélèvement illégal pour le commerce international d'animaux de compagnie
Amphibien	*Atelopus balios*		Azuay, provinces de Cañar et de Guyas, sud-ouest de l'Équateur	Inconnue	• maladie infectieuse (chytridiomycose) • exploitation forestière • expansion de l'agriculture
Oiseau	*Aythya innotata*	Fuligule de Madagascar	Lacs volcaniques au nord de Bealanana, Madagascar	approx. 20 individus adultes	• agriculture • chasse et pêche • introduction de poissons
Poisson	*Azurina eupalama*	Demoiselle des Galápagos	Inconnue	Inconnue	• changements climatiques • changements océanographiques liés au phénomène El Niño de 1982-1983

HYPOCONDRIE

Hypocondrie vient du grec *hypo kondrios*, qui signifie « sous les cartilages ». Le terme a été créé par Hippocrate pour désigner les régions
du corps situées en haut de l'abdomen, sous les côtes, qu'on appelle
encore aujourd'hui les hypocondres. On trouve dans l'hypocondre droit
la majeure partie du foie et la vésicule biliaire, et, dans le gauche, l'estomac ainsi que le côlon transverse. Ces zones sont donc propices aux
douleurs en tout genre. Comme il est impossible de les palper directement, ces douleurs n'en étaient que plus mystérieuses à une époque
où les connaissances en médecine étaient réduites. On commence
à parler de « mélancolie hypocondriaque » au XVIe siècle à propos de
ces patients qui se plaignaient sans cesse de maux au-dessus de l'abdomen : comme les médecins ne pouvaient rien observer sous cette
masse osseuse et cartilagineuse, ils concluaient souvent à une maladie
fictive. Aujourd'hui l'hypocondrie est un syndrome caractérisé par une
peur et une anxiété excessives quant à sa propre santé. Il se traduit par
une écoute obsessionnelle et mal informée de son corps, qui conduit
à s'autodiagnostiquer les maladies les plus graves. Le neurologue
du XIXe siècle Jules Cotard décrit aussi une relation ambiguë avec le
médecin, « sollicité et rejeté par un malade qui détient seul le secret
de son mal et le savoir de son remède ». La véritable hypocondrie est
définie par des critères stricts, qui délimitent un trouble psychotique
grave : la peur doit durer au moins six mois, s'exprimer par des crises
de panique et persister malgré des bilans médicaux rassurants. Mais
au fond, nous sommes tous sujets à des angoisses hypocondriaques,
plus ou moins sérieuses. Car l'hypocondrie ne renvoie jamais qu'à
l'une des peurs les plus communes : celle de la mort. Comme le disait
Woody Allen, l'un des hypocondriaques les plus célèbres : « Tant que
l'homme sera mortel, il ne pourra jamais complètement se détendre. »

LE MAL PAR LE MAL

En France, plus de 90 % des personnes âgées de plus de quatre-vingts
ans consomment en moyenne dix médicaments par jour. C'est ce que
démontrait une enquête menée par l'hôpital Georges-Pompidou (Paris)
en 2013. Cette consommation expose à des risques : à partir de 65
ans, l'élimination de ces médicaments est plus lente, l'organisme est
plus sensible, les effets indésirables sont multipliés par deux et sont
beaucoup plus graves !

L'ANGLE PARFAIT POUR SE VAUTRER

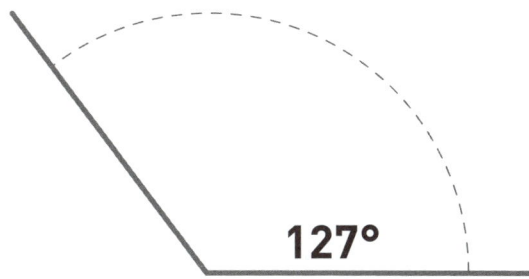

127°

En étudiant la position des astronautes en apesanteur, la NASA a déterminé un angle qualifié de « zéro gravité ». C'est l'angle que forment naturellement notre buste et nos hanches lorsque nous sommes affalés sur un canapé ou sur une chaise longue. Cette position permet de supprimer les tensions de la colonne vertébrale, libérant jusqu'à 60 % du poids du corps. C'est cet angle précis qui est utilisé pour les dossiers des chaises de kinésithérapie ou bien encore pour les sièges en classe affaires.

COMPTER LES CAILLOUX

Le mot « calcul » a pour étymologie *calculus*, qui signifie le caillou en latin. Pourquoi ? Car les cailloux étaient parmi les premiers éléments utilisés pour représenter matériellement des unités arithmétiques. On manipulait les cailloux pour effectuer des opérations simples d'addition et de soustraction. Les premières preuves archéologiques de cette pratique remontent au moins à 1 500 av. J.-C. On a retrouvé notamment une bourse de berger de Mésopotamie renfermant quarante-huit cailloux, qui représentaient l'effectif du troupeau.

PÉRISSABILITÉ DES PRODUITS

Ce tableau représente le temps moyen, en années, pendant lequel différents aliments peuvent se conserver dans un contenant fermé :

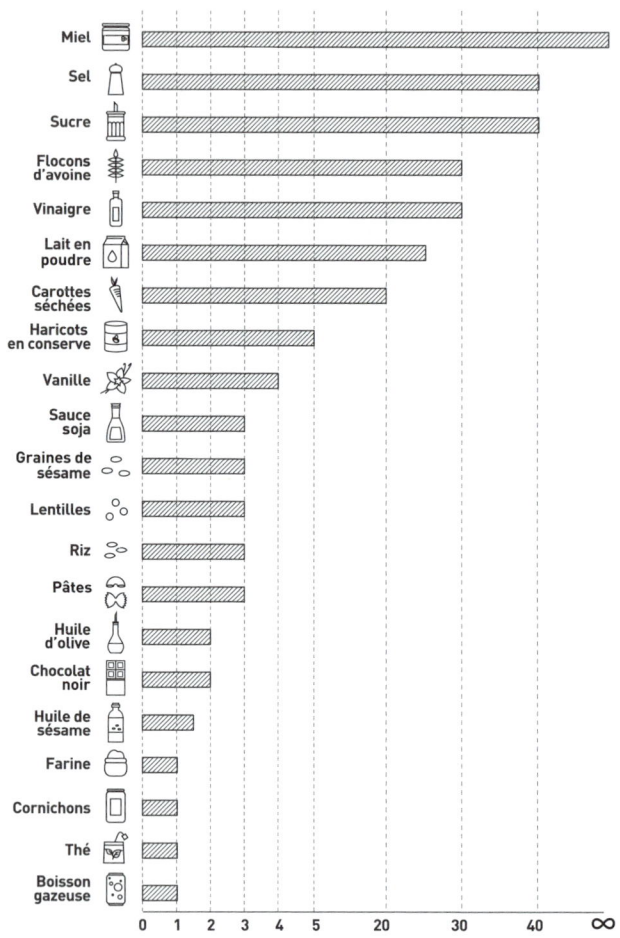

LES TIGRES
SORTENT LES GRIFFES

En 2016 et pour la première fois en 100 ans, le nombre de tigres sauvages a augmenté dans le monde selon le WWF et le Global Tiger Forum. Le nombre total de ces félins serait de 3 890 sur l'ensemble de la planète. Ils n'étaient plus que 3 200 en 2010 (chiffre le plus bas jamais enregistré). Il s'agit donc de la première hausse depuis 1900 à une époque où l'on comptait 100 000 tigres sur la planète. C'est l'Inde qui abrite le plus de tigres sur son territoire avec à elle seule 2 226 tigres sur le nombre total dans le monde.

FUMER DES LÉGUMES

Si la nicotine est un alcaloïde présent en forte concentration à l'état naturel dans la plante de tabac, on en trouve aussi, en quantité infime, dans certains légumes ! Une cigarette contient environ 10 mg de nicotine, dont seulement 1 mg est ingéré par le fumeur. Voici la quantité de légumes qu'il faudrait avaler, plus ou moins d'un seul coup, pour obtenir le même effet qu'une blonde :

Légume	Poids (en kg) pour 1 mg de nicotine (une cigarette)
Aubergine	10 kg
Chou-fleur	59,5 kg
Pomme de terre	140 kg
Tomate verte	23,4 kg
Tomate mûre	23,3 kg
Purée de tomate	19,2 kg

Source : *New England Journal of Medicine,* vol. 329, p. 437.

DÉCIMALES DE PI

Depuis sa définition au IIIe siècle av. J.-C. par Archimède, dans son traité *De la mesure du cercle* où il établit que le rapport de la surface d'un disque au carré de son rayon est égal au rapport de son périmètre à son diamètre, le nombre Pi n'a cessé de fasciner les hommes.
Pi est un nombre irrationnel qui s'écrit avec un nombre infini de décimales, sans suite logique.
En octobre 2011, les Japonais Alexandre J. Yee et Shigeru Kondo battaient le record du monde de calcul de décimales de Pi avec 10 000 000 000 050 décimales après 371 jours de travail, soit plusieurs téraoctets de données.
Un autre record fut battu en 2005 par le Chinois Chao Lu qui est parvenu à mémoriser 67 890 décimales de Pi.
Un an plus tôt, Daniel Tammet battait le record européen à Oxford à l'occasion du Pi Day 2004 où pendant 5 heures et 9 minutes il a égrené les 22 514 premières décimales.

3,1415926535 8979323846 2643383279 5028841971 6939937510
5820974944 5923078164 0628620899 8628034825 3421170679
8214808651 3282306647 0938446095 5058223172 5359408128
4811174502 8410270193 8521105559 6446229489 5493038196
4428810975 6659334461 2847564823 3786783165 2712019091
4564856692 3460348610 4543266482 1339360726 0249141273
7245870066 0631558817 4881520920 9628292540 9171536436
7892590360 0113305305 4882046652 1384146951 9415116094

3305727036 5759591953 0921861173 8193261179 3105118548
0744623799 6274956735 1885752724 8912279381 8301194912
9833673362 4406566430 8602139494 6395224737 1907021798
6094370277 0539217176 2931767523 8467481846 7669405132
0005681271 4526356082 7785771342 7577896091 7363717872
1468440901 2249534301 4654958537 1050792279 6892589235
4201995611 2129021960 8640344181 5981362977 4771309960
5187072113 4999999837 2978049951 0597317328 1609631859
5024459455 3469083026 4252230825 3344685035 2619311881
7101000313 7838752886 5875332083 8142061717 7669147303
5982534904 2875546873 1159562863 8823537875 9375195778
1857780532 1712268066 1300192787 6611195909 2164201989
3809525720 1065485863 2788659361 5338182796 8230301952
0353018529 6899577362 2599413891 2497217752 8347913151
5574857242 4541506959 5082953311 6861727855 8890750983
8175463746 4939319255 0604009277 0167113900 9848824012
8583616035 6370766010 4710181942 9555961989 4676783744
9448255379 7747268471 0404753464 6208046684 2590694912
9331367702 8989152104 7521620569 6602405803 8150193511
2533824300 3558764024 7496473263 9141992726 0426992279
6782354781 6360093417 2164121992 4586315030 2861829745
5570674983 8505494588 5869269956 9092721079 7509302955
3211653449 8720275596 0236480665 4991198818 3479775356
6369807426 5425278625 5181841757 4672890977 7727938000
8164706001 6145249192 1732172147 7235014144 1973568548
1613611573 5255213347 5741849468 4385233239 0739414333
4547762416 8625189835 6948556209 9219222184 2725502542
5688767179 0494601653 4668049886 2723279178 6085784383
8279679766 8145410095 3883786360 9506800642 2512520511
7392984896 0841284886 2694560424 1965285022 2106611863
0674427862 2039194945 0471237137 8696095636 4371917287
4677646575 7396241389 0865832645 9958133904 7802759009
9465764078 9512694683 9835259570 9825822620 5224894077
2671947826 8482601476 9909026401 3639443745 5305068203
4962524517 4939965143 1429809190 6592509372 2169646151
5709858387 4105978859 5977297549 8930161753 9284681382
6868386894 2774155991 8559252459 5395943104 9972524680
8459872736 4469584865 3836736222 6260991246 0805124388
4390451244 1365497627 8079771569 1435997700 1296160894
4169486855 5848406353 4220722258 2848864815 8456028506

0168427394 5226746767 8895252138 5225499546 6672782398
6456596116 3548862305 7745649803 5593634568 1743241125
1507606947 9451096596 0940252288 7971089314 5669136867
2287489405 6010150330 8617928680 9208747609 1782493858
9009714909 6759852613 6554978189 3129784821 6829989487
2265880485 7564014270 4775551323 7964145152 3746234364
5428584447 9526586782 1051141354 7357395231 1342716610
2135969536 2314429524 8493718711 0145765403 5902799344
0374200731 0578539062 1983874478 0847848968 3321445713
8687519435 0643021845 3191048481 0053706146 8067491927
8191197939 9520614196 6342875444 0643745123 7181921799
9839101591 9561814675 1426912397 4894090718 6494231961
5679452080 9514655022 5231603881 9301420937 6213785595
6638937787 0830390697 9207734672 2182562599 6615014215
0306803844 7734549202 6054146659 2520149744 2850732518
6660021324 3408819071 0486331734 6496514539 0579626856
1005508106 6587969981 6357473638 4052571459 1028970641
4011097120 6280439039 7595156771 5770042033 7869936007
2305587631 7635942187 3125147120 5329281918 2618612586
7321579198 4148488291 6447060957 5270695722 0917567116
7229109816 9091528017 3506712748 5832228718 3520935396
5725121083 5791513698 8209144421 0067510334 6711031412
6711136990 8658516398 3150197016 5151168517 1437657618
3515565088 4909989859 9823873455 2833163550 7647918535
8932261854 8963213293 3089857064 2046752590 7091548141
6549859461 6371802709 8199430992 4488957571 2828905923
2332609729 9712084433 5732654893 8239119325 9746366730
5836041428 1388303203 8249037589 8524374417 0291327656
1809377344 4030707469 2112019130 2033038019 7621101100
4492932151 6084244485 9637669838 9522868478 3123552658
2131449576 8572624334 4189303968 6426243410 7732269780
2807318915 4411010446 8232527162 0105265227 2111660396
6655730925 4711055785 3763466820 6531098965 2691862056
4769312570 5863566201 8558100729 3606598764 8611791045
3348850346 1136576867 5324944166 8039626579 7877185560
8455296541 2665408530 6143444318 5867697514 5661406800
7002378776 5913440171 2749470420 5622305389 9456131407
1127000407 8547332699 3908145466 4645880797 2708266830
6343285878 5698305235 8089330657 5740679545 7163775254
2021149557 6158140025 0126228594 1302164715 5097925923

```
0990796547 3761255176 5675135751 7829666454 7791745011
2996148903 0463994713 2962107340 4375189573 5961458901
9389713111 7904297828 5647503203 1986915140 2870808599
0480109412 1472213179 4764777262 2414254854 5403321571
8530614228 8137585043 0633217518 2979866223 7172159160
7716692547 4873898665 4949450114 6540628433 6639379003
9769265672 1463853067 3609657120 9180763832 7166416274
8888007869 2560290228 4721040317 2118608204 1900042296
6171196377 9213375751 1495950156 6049631862 9472654736
4252308177 0367515906 7350235072 8354056704 0386743513
6222247715 8915049530 9844489333 0963408780 7693259939
7805419341 4473774418 4263129860 8099888687 4132604721
5695162396 5864573021 6315981931 9516735381 2974167729
4786724229 2465436680 0980676928 2382806899 6400482435
4037014163 1496589794 0924323789 6907069779 4223625082
2168895738 3798623001 5937764716 5122893578 6015881617
5578297352 3344604281 5126272037 3431465319 7777416031
9906655418 7639792933 4419521541 3418994854 4473456738
3162499341 9131814809 2777710386 3877343177 2075456545
3220777092 1201905166 0962804909 2636019759 8828161332
3166636528 6193266863 3606273567 6303544776 2803504507
7723554710 5859548702 7908143562 4014517180 6246436267
9456127531 8134078330 3362542327 8394497538 2437205835
3114771199 2606381334 6776879695 9703098339 1307710987
0408591337 4641442822 7726346594 7047458784 7787201927
7152807317 6790770715 7213444730 6057007334 9243693113
8350493163 1284042512 1925651798 0694113528 0131470130
4781643788 5185290928 5452011658 3934196562 1349143415
9562586586 5570552690 4965209858 0338507224 2648293972
8584783163 0577775606 8887644624 8246857926 0395352773
4803048029 0058760758 2510474709 1643961362 6760449256
2742042083 2085661190 6254543372 1315359584 5068772460
2901618766 7952406163 4252257719 5429162991 9306455377
9914037340 4328752628 8896399587 9475729174 6426357455
2540790914 5135711136 9410911939 3251910760 2082520261
8798531887 7058429725 9167781314 9699009019 2116971737
2784768472 6860849003 3770242429 1651300500 5168323364
3503895170 2989392233 4517220138 1280696501 1784408745
1960121228 5993716231 3017114448 4640903890 6449544400
6198690754 8516026327 5052983491 8740786680 8818338510
```

```
2283345085  0486082503  9302133219  7155184306  3545500766
8282949304  1377655279  3975175461  3953984683  3936383047
4611996653  8581538420  5685338621  8672523340  2830871123
2827892125  0771262946  3229563989  8989358211  6745627010
2183564622  0134967151  8819097303  8119800497  3407239610
3685406643  1939509790  1906996395  5245300545  0580685501
9567302292  1913933918  5680344903  9820595510  0226353536
1920419947  4553859381  0234395544  9597783779  0237421617
2711172364  3435439478  2218185286  2408514006  6604433258
8856986705  4315470696  5747458550  3323233421  0730154594
0516553790  6866273337  9958511562  5784322988  2737231989
8757141595  7811196358  3300594087  3068121602  8764962867
4460477464  9159950549  7374256269  0104903778  1986835938
1465741268  0492564879  8556145372  3478673303  9046883834
3634655379  4986419270  5638729317  4872332083  7601123029
9113679386  2708943879  9362016295  1541337142  4892830722
0126901475  4668476535  7616477379  4675200490  7571555278
1965362132  3926406160  1363581559  0742202020  3187277605
2772190055  6148425551  8792530343  5139844253  2234157623
3610642506  3904975008  6562710953  5919465897  5141310348
2276930624  7435363256  9160781547  8181152843  6679570611
0861533150  4452127473  9245449454  2368288606  1340841486
3776700961  2071512491  4043027253  8607648236  3414334623
5189757664  5216413767  9690314950  1910857598  4423919862
9164219399  4907236234  6468441173  9403265918  404437805
```

QUAND 2 SECONDES SE SERONT ÉCOULÉES...

2 personnes seront mortes du tabac dans le monde. D'après l'OMS, on enregistre chaque année 6 millions de décès dus au tabac. Si le niveau de tabagisme actuel persiste, ce seront 10 millions de morts par an à partir de 2020. Le tabac, qui a fait 100 millions de morts au xxe siècle, pourrait en faire 1 milliard au xxie.

LE SYSTÈME SOLAIRE

Le système solaire est un système planétaire situé dans la Voie lactée, notre galaxie. Il se trouve proche de sa périphérie, à environ 28 000 années-lumière du centre galactique. Il est composé de divers éléments :

– Une étoile en son centre : c'est bien sûr le Soleil, énorme boule de feu brûlant en continu de l'hydrogène par fusion nucléaire et dégageant ainsi l'énergie sans laquelle la vie n'existerait pas sur terre.
– Des planètes :
    – Des planètes telluriques : Mercure, Vénus, la Terre et Mars. Ce sont les planètes les plus proches du Soleil. Elles sont caractérisées par leur petite taille, leur petite masse, leur haute densité et leur surface rocheuse.
    – Des planètes géantes ou gazeuses : Jupiter, Saturne, Uranus et Neptune. Elles sont plus éloignées du Soleil, sont très massives et volumineuses, mais peu denses. Leur atmosphère est composée d'hydrogène. Elles sont escortées par de nombreux satellites et sont toutes ceintes d'anneaux.
    – Des planètes naines : Cérès, Pluton, Éris, Makémaké et Hauméa. Cette catégorie a été établie par l'Union astronomique internationale en 2006.
– Des astéroïdes : on estime qu'il existe plusieurs milliards de ces petits rochers qui orbitent entre Mars et Jupiter.
– Des comètes : ce sont des petits corps constitués d'un noyau de glace et de poussières. Elles seraient rassemblées dans un réservoir aux confins du système solaire. Parfois des perturbations causées par des étoiles proches déséquilibrent ces noyaux qui quittent leur orbite. Certains sont attirés par le Soleil dont les radiations subliment la glace qui les recouvre, provoquant ainsi l'apparition de la queue caractéristique des comètes.

Le système solaire représenté à l'échelle des diamètres

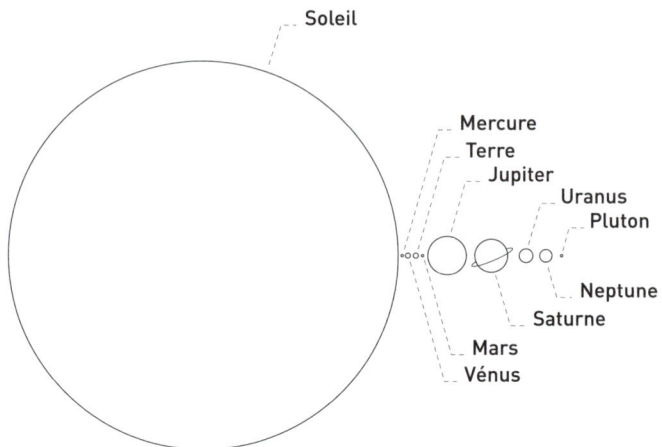

CARTE D'IDENTITÉ DU SOLEIL

Symbole astronomique : ☉
Distance de la Terre : 149 600 000 km
Rayon moyen : 696 000 km
Température de surface : 5 800 °C
Masse : $1,989 \times 10^{30}$ kg

Le Soleil est l'une des 140 milliards d'étoiles qui composent notre galaxie. Il est situé à sa périphérie, à quelque 28 000 années-lumière du centre de la Voie lactée. Il est l'étoile centrale de notre système planétaire, autour de laquelle tournent, dans l'état actuel de nos connaissances, 8 planètes, 5 planètes naines et des millions d'astéroïdes. Il représente à lui seul plus de 99,8 % de la masse du système solaire.
Sa taille est 100 fois supérieure à celle de la Terre. Elle a pu être mesurée précisément grâce au satellite Soho, observatoire volant dédié au Soleil lancé en 1995.
Le Soleil fonctionne comme une gigantesque centrale nucléaire. Dans son noyau, il transforme l'hydrogène en hélium par fusion nucléaire,

dégageant ainsi une quantité énorme d'énergie (386 millions de mégawatts). La température en son cœur s'élève à plus de 15 millions de degrés Celsius. C'est cette énergie qui a permis la photosynthèse et l'apparition de la vie sur terre.

La surface de cette boule de feu est battue en permanence par des vents très violents qui peuvent atteindre 800 kilomètres par seconde. Lorsqu'une tempête éclate, la matière surchauffée est projetée dans les airs : c'est une éruption solaire. Les flammes formées alors peuvent atteindre 50 fois la taille de la Terre ! Pour celle-ci, heureusement, ces coups de fouet solaires sont le plus souvent inoffensifs et se contentent de nous offrir le spectacle époustouflant des aurores polaires. Mais quand ils sont de grande ampleur, ils peuvent causer des dégâts aux satellites et même aux réseaux électriques. Lors de l'éruption solaire la plus puissante jamais observée, celle de l'été 1859, on a rapporté de nombreux incendies de stations de télégraphie, causés par les courants très intenses induits dans le sol.

Le Soleil est vieux de 4,7 milliards d'années, ce qui est aussi l'âge de la Terre et de tout le système solaire. Bien qu'il ait déjà consommé 40 % de ses réserves d'hydrogène, il a devant lui encore 7 bons milliards d'années de fusion nucléaire. Quand il aura environ 12 milliards d'années, il commencera à changer de structure : la naine jaune se transformera en géante rouge, dont la surface s'étendra au-delà de l'orbite actuelle de la Terre. La géante rouge brûlera son hélium pendant un demi-milliard d'années seulement, puis ses couches externes se répandront dans l'espace pour former une nébuleuse planétaire, berceau de futures nouvelles étoiles. Son noyau, lui, s'effondrera sur lui-même pour former une naine blanche, petite étoile de la taille de la Terre. Encore quelques milliards d'années et le Soleil se refroidira complètement : il terminera alors sa vie en naine noire, cadavre céleste si froid qu'il n'émet plus aucune lumière.

À LA RACINE DES PLANTES

Les plantes sont apparues sur terre il y a environ 500 millions d'années.

L'arrivée des racines a tout changé pour elles dans la mesure où elles leur ont permis de coloniser de nouveaux espaces en se fixant au sol. Tous les végétaux n'ont pas pour autant de racines, c'est le cas des algues vertes, des mousses, des champignons et des lichens...

Les racines permettent à la plante de se nourrir grâce à ses poils absorbants. En puisant dans l'eau des sols les minéraux qui lui sont nécessaires, ces derniers lui assurent tout à la fois croissance et régulation thermique. On parle de phénomène d'« évapo-transpiration ». Le nombre de ces poils absorbants est très important, il peut dépasser le milliard avec une densité pouvant atteindre 2 000 poils par cm^2 de la surface racinaire. Cependant, toutes les racines ne possèdent pas de poils racinaires, c'est le cas du cocotier.

Les racines ont une vitesse de pousse variable selon les plantes. Elle oscille entre 3 mm et 2 cm par jour suivant les espèces.

Il n'y a pas de lien entre la taille de l'arbre et ses racines. Le séquoia peut ainsi dépasser 100 mètres de haut pour des racines qui s'enfoncent rarement à plus de 90 cm de profondeur. À l'inverse, certains arbustes en savane de moins d'un mètre de haut peuvent tout à fait présenter des racines de 50 à 60 mètres !

Quelques chiffres enfin : 13 800 000 racines différentes ont été comptabilisées sous un même pied de seigle. Sous un hectare de sol, on considère que ce sont entre 20 000 et 100 000 km de racines qui se déploient.

$$E = MC^2$$

E : l'énergie exprimée en joules
M : la masse en kilogrammes
C : la vitesse de la lumière dans le vide
Cette équation d'Albert Einstein, publiée en 1905, apparaît dans le cadre de la relativité restreinte.

VITESSE DE LA LUMIÈRE DANS LE VIDE
299 792 458 m/s soit $\cong$ 300 000 km/s

COMBIEN Y A-T-IL D'ESPÈCES SUR TERRE ?

La « liste rouge » de l'Union internationale pour la conservation de la nature (UICN), qui recense les espèces menacées d'extinction dans le monde, constitue également le registre le plus fiable du nombre d'espèces vivantes décrites. Voici les données de 2015 :

VERTÉBRÉS	
Mammifères	5 515
Oiseaux	10 424
Reptiles	10 272
Amphibiens	7 448
Poissons	33 200
Sous-total	**66 859**
INVERTÉBRÉS	
Insectes	1 000 000
Mollusques	85 000
Crustacés	47 000
Coraux	2 175
Arachnides	102 248
Onychophores	165
Limules	4
Autres	68 658
Sous-total	**1 305 250**
VÉGÉTAUX	
Mousses	16 236
Fougères et espèces apparentées	12 000
Gymnospermes	1 052
Angiospermes (plantes à fleurs)	268 000
Algues vertes	6 050
Algues rouges	7 104
Sous-total	**310 442**
FUNGI ET PROTISTES	
Lichens	17 000
Champignons	31 496
Algues brunes	3 784
Sous-total	**52 280**
TOTAL	**1 734 831**

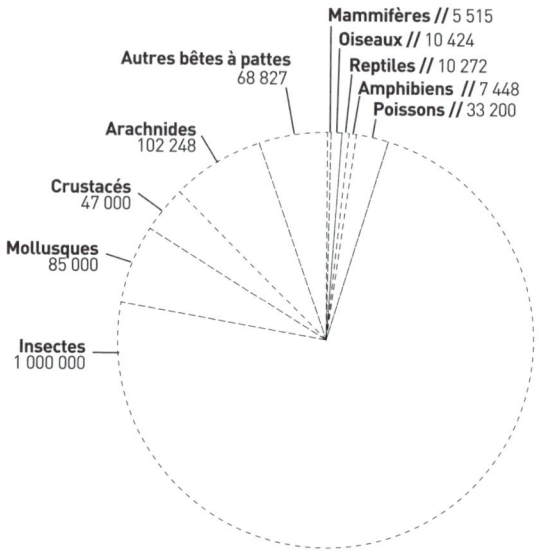

Mammifères // 5 515
Oiseaux // 10 424
Reptiles // 10 272
Amphibiens // 7 448
Poissons // 33 200

Autres bêtes à pattes
68 827

Arachnides
102 248

Crustacés
47 000

Mollusques
85 000

Insectes
1 000 000

Les chiffres ci-dessus sont ceux des espèces connues et identifiées par l'homme en 2015. On ne cesse de découvrir de nouvelles espèces : environ 18 000 chaque année, soit une cinquantaine par jour en moyenne ! En 2011 des chercheurs américains ont publié une estimation, la plus précise à ce jour, du nombre total d'espèces animales : elles seraient environ **8,7 millions** à peupler la Terre. Parmi lesquelles plus de 90 % d'insectes.

LA TANOREXIE

C'est le néologisme inventé pour désigner une addiction comportementale rare : l'addiction au bronzage. Tels des anorexiques qui se trouvent toujours trop gros, les personnes atteintes de ce trouble ne se sentent jamais suffisamment bronzées. D'après les dermatologues, le paraître ne serait pas le seul motif qui pousse les gens à bronzer à l'excès. Le soleil, qui stimule la production de mélanine et colore notre peau, libère également des endorphines, les fameuses hormones du bien-être. Il existerait donc bien une addiction physique au soleil, l'organisme réclamant des doses sans cesse plus élevées, comme il le ferait pour une drogue.

FREDDIE MERCURY : THE VOICE

Des scientifiques autrichiens, tchèques et suédois se sont penchés sur les capacités vocales hors du commun du chanteur Freddie Mercury dans une étude publiée dans la revue *Logopedics Phoniatrics Vocology* en avril 2016.

Les chercheurs dotés de moyens technologiques performants ont voulu savoir comment le chanteur parvenait à changer d'octave et de registre aussi facilement. Ils ont d'abord mesuré la fréquence moyenne (117 Hz) de sa voix au repos enregistrée lors d'une interview. À l'aide d'une caméra capable de capter 4 000 images/seconde, ils ont ensuite filmé le larynx du chanteur suédois Daniel Zangger Borch imitant la voix de Mercury.

Les scientifiques ont d'abord conclu que Freddie Mercury était baryton et non pas ténor comme beaucoup le pensaient et qu'il possédait un contrôle exceptionnel de sa production vocale. Une habileté rarissime rendue possible grâce à un vibrato au-dessus de la norme. Les cordes vocales du chanteur bougeaient en effet plus vite que la moyenne. Un vibrato oscille normalement entre 5,4 et 6,9 hertz, là où celui de Mercury modulait vers 7,04.

Les scientifiques ont montré que la technique vocale de l'interprète de « The show must go on » avait « la vélocité » d'un ouragan et ressemblait beaucoup à celle des moines tibétains qui font vibrer leurs bandes ventriculaires pour faire ressortir l'harmonique inférieure. Il utilisait ce que l'on appelle le chant « subharmonique », une technique qui permet de produire plusieurs notes en même temps en plaçant l'appareil vocal dans des positions particulières en faisant notamment vibrer certaines parties du larynx. Ces bandes ventriculaires ne sont habituellement pas utilisées dans le chant classique.

TESSITURES DE VOIX

La basse va de fa^1 à fa^3 (homme)
Le baryton va de la^1 à sol^3 (homme)
Le ténor va de do^2 à do^4 (homme)
Le contralto va de fa^2 à fa^4 (femme)

L'alto va de la^2 à la^4 (femme/enfant)
Le mezzo-soprano va de la^2 à do^5 (femme/enfant)
Le soprano va de do^3 à fa^5 (femme/enfant)

NOTRE SANG

Sur le plan biologique, le sang est un tissu, au même titre que les muscles ou les os. Un homme adulte en contient environ 5 litres. Sa principale fonction est de transporter l'oxygène dans tout l'organisme et d'acheminer le dioxyde de carbone (CO_2) vers les sites d'évacuation (reins, poumons, foie, intestins). Il est composé à 45 % de cellules (globules rouges et blancs, plaquettes) et à 55 % de plasma (le liquide permettant de transporter ces cellules). Les mammifères appartiennent tous, au sein de la même espèce, à des groupes sanguins différents. Chez les êtres humains, on distingue quatre groupes : O, A, B et AB, ces deux derniers étant statistiquement beaucoup plus rares. À cela s'ajoute le rhésus : + ou − selon les individus. Les groupes sont transmis de manière héréditaire selon les lois de la génétique et se répartissent donc de manière inégale en fonction des types de population. Ainsi les Amérindiens appartiennent-ils presque tous au groupe universel O.

Exemple de répartition des groupes par type de population

Population	O	A	B	AB
Allemande	41 %	43 %	11 %	5 %
Basque	56 %	40 %	3 %	1 %
Belge	44 %	45 %	8 %	3 %
Britannique	47 %	42 %	8 %	3 %
Française	43 %	45 %	9 %	3 %
Indienne d'Amérique	96 %	4 %	0 %	0 %
Indienne du Pérou	100 %	0 %	0 %	0 %
Mayas	97 %	1 %	1 %	1 %
Oyriad (Russie)	26 %	23 %	41 %	11 %

ANAGRAMMES

La plupart de ces fascinants jeux de lettres sont d'Étienne Klein et de Jacques Perry-Salkow. Ils ont été publiés dans l'ouvrage *Anagrammes renversantes* chez Flammarion.

La gravitation universelle : loi vitale régnant sur la vie

Albert Einstein : rien n'est établi

La vitesse de la lumière : limite les rêves au-delà

Léonard de Vinci : le don divin créa

La chute des corps : hors du spectacle

L'origine du monde : religion du Démon

Énergie noire : reine ignorée

Le neutrino stérile : il roule et n'est rien

La courbure de l'espace-temps : superbe spectacle de l'amour

Invariance relativiste : Einstein arriva, vit cela

La théorie de la relativité restreinte : vérité théâtrale et loi inter-sidérale

Nanoparticule : parano inculte

La théorie des supercordes : de la poussière d'orchestre

Le commandant Cousteau : tout commença dans l'eau

Le triangle des Bermudes : le bruit des gens de la mer

Les trous noirs : sont irrésolus

Les orbites célestes : très belles sociétés

Réaction en chaîne : nicotine acharnée

La quadrature du cercle : calcul rare du détraqué

Collisionneur d'électrons : les crocodiles n'ont rien lu

Claude Lévi-Strauss : a des avis culturels

Claudie Haigneré : la chaire du génie

L'accélérateur de particules : éclipsera l'éclat du créateur

DENTS HUMAINES

La dent humaine est un organe dur de couleur ivoire, composé d'une couronne et d'une ou plusieurs racines implantées dans les os de notre mâchoire. Le nombre total de dents est en principe de vingt chez un enfant (dentition « temporaire ») et de trente-deux chez un adulte (dentition « définitive »). Ce sont les organes les plus durs de notre corps : elles peuvent même résister au feu.

Les premières traces de la dentisterie remontent à 3000 av. J.-C., dans les civilisations sumériennes, hindoues et chinoises. Le père de la chirurgie dentaire moderne est sans conteste Pierre Fauchard, le dentiste de Louis XIV. Il fut le premier à préconiser l'utilisation des plombages (dans le but de remplir les cavités et empêcher ainsi que les aliments ne se coincent entre les dents) et à développer les techniques de forage (manuelles à l'époque). La grande révolution fut l'invention, au XIXe siècle, de la roulette électrique, cet instrument qui donne des cauchemars à tous les phobiques du fauteuil dentaire. Fonctionnant à 600 tours par minute à l'époque, il atteint aujourd'hui les 400 000 tours.

Les pratiques d'hygiène dentaire sont bien plus anciennes. Les Égyptiens de l'Antiquité utilisaient déjà une pâte faite de cendres et d'argile, ancêtre du dentifrice. Les brosses à dents modernes, quant à elles, ne sont apparues que vers 1780 dans les milieux urbains.

DENTS DE SINGES

Bien avant l'apparition des hommes, des singes ont débarqué à la nage depuis l'Amérique du Sud sur le continent nord-américain. À cette époque, les deux continents n'étaient pas encore réunis par un isthme. Les chercheurs américains, à l'origine de cette découverte publiée en avril 2016 dans la revue *Nature*, ont mis au jour sept petites dents pendant les travaux d'élargissement du canal de Panama.

Ces dents ont été datées à 21 millions d'années à une époque où les deux Amériques étaient séparées par une vaste bande d'eau de 160 kilomètres de large.

La plus longue des dents mesurait 5 mm et appartenait au singe sud-américain de l'espèce *Panamacebus transitus* proche des capucins et des singes écureuils. Une nouvelle espèce pour ce primate de taille moyenne et devant peser dans les trois kilos.

Cette datation de 21 millions d'années prouve que ces singes sont arrivés à la nage et qu'ils sont les plus vieux mammifères à être passés du sud au nord. Un véritable exploit sur de telles distances, rendu probablement possible grâce à la présence de débris de bois dans l'eau formant un radeau. La plupart des autres mammifères ont franchi le pont de terre qui a relié les deux continents, il y a environ 3,5 millions d'années. De l'analyse osseuse et la forme, les scientifiques ont conclu que ces singes se nourrissaient de fruits dans les forêts tropicales d'Amérique du Sud. C'est sans doute parce qu'ils ont trouvé les mêmes ressources alimentaires au Panama, qu'ils ne sont pas remontés plus haut vers le nord.

MODÈLE STANDARD DE LA PHYSIQUE SUBATOMIQUE

La physique actuelle a dépassé l'échelle de l'atome, pour observer des particules encore plus petites ; elle est donc dite subatomique. Le terme « particule élémentaire » désigne un élément insécable de la matière, composé de rien d'autre que de lui-même. Plus précisément, c'est un élément dont on n'a pas encore trouvé s'il était constitué de particules plus petites. Dans l'état actuel de nos connaissances, la physique subatomique repose sur un modèle qui comprend :
– **24 particules élémentaires**, parmi lesquelles **12 fermions**, qui sont les particules de matière, et **12 bosons**, qui portent les forces fondamentales :

– **4 forces fondamentales :**
* **La gravitation :** C'est la première à avoir été observée directement, car elle se manifeste à l'échelle macroscopique. Elle rend compte de l'attraction des corps célestes et de la chute des corps.
* **La force électromagnétique :** Elle explique le maintien des électrons autour des noyaux des atomes. Elle est à la base non seulement du fonctionnement des appareils électriques, mais aussi des phénomènes optiques et chimiques.
* **L'interaction nucléaire faible :** Elle est ainsi nommée parce qu'elle implique certains processus d'une grande lenteur, comme la désintégration radioactive β. Elle est à l'œuvre dans toutes les étoiles.
* **L'interaction nucléaire forte :** Elle lie entre eux les quarks à l'intérieur du noyau. Ces deux dernières forces n'ont qu'un effet à courte distance, contrairement aux deux premières (la gravitation étant celle avec l'effet le plus lointain mais aussi le plus faible).

Toutes ces forces peuvent être interprétées comme le résultat de l'échange de certaines particules, les bosons.

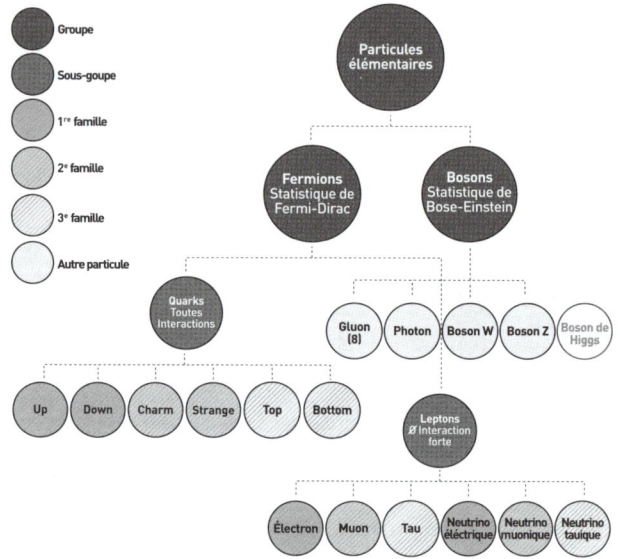

LES CELLULES DU CORPS HUMAIN

Notre organisme est constitué de près de 200 types de cellules diffé-rentes. La plupart d'entre elles sont dites spécialisées, car elles se sont adaptées à la fonction qu'elles remplissent au sein d'un tissu. Ce sont par exemple les cellules de la peau, les myocytes (cellules musculaires), les neurones (cellules nerveuses), les gamètes (cellules sexuelles), les cellules sanguines ou encore les fibroblastes (cellules des tissus conjonctifs). Une minorité de nos cellules sont en revanche compo-sées de cellules souches (indifférenciées) qui se distinguent par leur capacité à se renouveler indéfiniment et, sous certaines conditions, à pouvoir évoluer vers divers types de cellules spécialisées. Les cellules souches adultes sont présentes dans certains organes et assurent le remplacement de cellules dont le renouvellement est constant, telles que les cellules intestinales ou sanguines.

PROGRAMME APOLLO

**Dans le cadre du programme Apollo,
douze astronautes ont marché sur la Lune,
de 1969 à 1972, ils sont tous américains :**

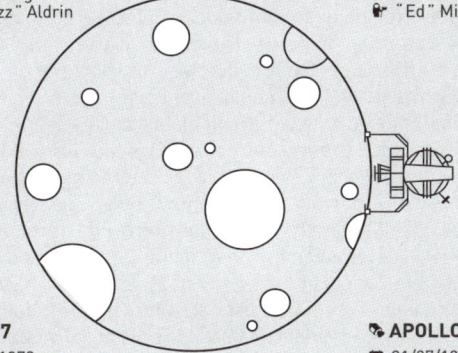

🌑 APOLLO 12
- 📅 19 & 20/11/1969
- ⏳ 7h 45min 03s
- 🚶 2 sorties
- 👨‍🚀 " Pete " Conrad
- 👨‍🚀 " Al " Bean

🌑 APOLLO 11
- 📅 21/07/1969
- ⏳ 2h 31min 40s
- 🚶 1 sortie
- 👨‍🚀 Neil Armstrong
- 👨‍🚀 Edwin " Buzz " Aldrin

🌑 APOLLO 14
- 📅 5 & 6/02/1971
- ⏳ 9h 22min 31s
- 🚶 2 sorties
- 👨‍🚀 " Al " Shepard
- 👨‍🚀 " Ed " Mitchell

🌑 APOLLO 17
- 📅 11 & 14/12/1972
- ⏳ 22h 03min 57s
- 🚶 3 sorties
- 👨‍🚀 " Gene " Cernan
- 👨‍🚀 " Jack " Schmitt

🌑 APOLLO 16
- 📅 21 & 23/04/1972
- ⏳ 20h 14min 14s
- 🚶 3 sorties
- 👨‍🚀 John Watts Young
- 👨‍🚀 " Charlie " Duke

🌑 APOLLO 15
- 📅 31/07/1971
- ⏳ 18h 34min 46s
- 🚶 3 sorties
- 👨‍🚀 " Dave " Scott
- 👨‍🚀 James Irwin

🌑 : MISSION
📅 : DATES DES SORTIES EXTRAVÉHICULAIRES (EVAs)
⏳ : DURÉE DES EVAs
🚶 : NOMBRE DES EVAs
👨‍🚀 : NOMS

L'APOPTOSE

L'apoptose est le principe de mort cellulaire. Depuis notre naissance, notre corps se renouvelle sans cesse ; à chaque instant de notre vie nous sommes en train de mourir et de renaître. Chaque jour, ce sont plusieurs dizaines de milliards de cellules qui s'autodétruisent dans notre corps pour se reconstruire. Le vivant tire sa force de cette apparente fragilité ; c'est grâce à cette mort permanente que les êtres vivants peuvent se construire harmonieusement et optimiser leur adaptation au milieu. Le biologiste français Jean Claude Ameisen décrit l'apoptose comme une sorte de « sculpture » du monde vivant. Pour le comprendre, il faut regarder ce qui se passe dès les premiers moments d'un embryon, qui n'est encore qu'une petite boule de cellules souches. C'est la destruction programmée de certaines cellules qui empêche un développement anarchique et permet de donner sa forme au futur fœtus. Ainsi nos mains et nos pieds apparaissent-ils d'abord avec des doigts liés, comme pris dans une sorte de moufle ; c'est la mort cellulaire qui va éliminer ces tissus jointifs et individualiser nos doigts et nos orteils. C'est encore elle qui sculpte notre identité sexuelle en faisant disparaître les organes génitaux du sexe opposé initialement apparus dans notre corps.

Pour être plus précis, notre corps maintient un équilibre constant entre des processus de mort cellulaire et des processus de protection de certaines cellules. Ce sont nos gènes qui fabriquent à la fois les « exécuteurs moléculaires » et les « protecteurs » capables de neutraliser les exécuteurs lorsque cela est nécessaire. Quand cet équilibre est rompu, des maladies se développent. Les maladies de Parkinson, d'Alzheimer et d'Huntington, les accidents vasculaires cérébraux (AVC) sont autant de dysfonctionnements typiques d'un suicide cellulaire incontrôlé. Il en va de même pour le virus de l'hépatite : l'alcool ne détruit pas directement les cellules du foie, mais il entraîne le déclenchement rapide et massif de leur suicide. D'autres maladies comme les cancers sont, au contraire, dues à l'augmentation spectaculaire des cellules, qui ont perdu leur capacité à mourir prématurément.

L'ANIMAL N'EST PLUS UN OBJET

En janvier 2015, le Code civil français reconnaît l'animal comme un « être vivant doué de sensibilité » (art. 515-14). Il n'est plus considéré comme un bien meuble (art. 528).
Ainsi, il n'est plus défini par sa valeur marchande et patrimoniale mais par sa valeur intrinsèque. Selon l'association 30 Millions d'amis qui s'est battue pour modifier cette loi, « ce tournant historique met fin à plus de 200 ans d'une vision archaïque de l'animal dans le Code civil et prend enfin en compte l'état des connaissances scientifiques et l'éthique de notre société du XXIe siècle ».

COMPTE À REBOURS DE LA BIODIVERSITÉ

Une espèce animale ou végétale disparaît toutes les 20 minutes. Cela représente 26 280 espèces chaque année. Près d'un quart des espèces pourrait disparaître d'ici le milieu du XXIe siècle.

ALLAITEMENT MATERNEL

D'après une étude de l'Organisation mondiale pour la santé (OMS) de 2016, l'allaitement maternel exclusif pendant les six premiers mois de la vie permettrait de sauver 800 000 enfants chaque année. L'étude insiste sur le fait que cette conclusion ne concerne pas que les pays en développement : le mauvais allaitement engendre des décès infantiles partout dans le monde. Dans les pays riches, l'allaitement permettrait de réduire de 36 % le risque de mort subite du nourrisson, et de 58 % celui d'entérocolite nécrosante, perte de tissus de la muqueuse intestinale surtout observée chez les prématurés et parfois mortelle. Il en va de même de la bonne santé ultérieure des enfants. Le lait maternel assure en effet une protection « probable » – les auteurs sont moins affirmatifs sur ce point – contre le surpoids, l'obésité et même le diabète. Enfin, la généralisation de l'allaitement maternel permettrait des économies considérables aux États. L'OMS estime qu'elle allégerait de 2,4 milliards de dollars les dépenses annuelles du système de santé américain, du fait de la réduction des maladies infantiles.

BOIRE LACTÉ

L'humain est le seul mammifère qui continue à boire du lait après la période de sevrage.

NOUVELLES STARS 2/5
espèces nommées d'après des célébrités

Personne(s) honorée(s)	Genre ou espèce	Type	Remarque
Paul Cézanne	*Pseudoparamys cezannei*	Rongeur	
Cléopâtre	*Cleopatrodon*	Mammifère éteint	
Bill Clinton	*Etheostoma clinton*	Poisson archer	
Confucius	*Confuciusornis sanctus*	Oiseau préhistorique	
Dalaï Lama	*Orontobia dalai-lama*	Mite	
Miles Davis	*Milesdavis*	Trilobite	
Ellen DeGeneres	*Aleiodes elleni*	Guêpe	
Johnny Depp	*Kootenichela deppi*	Arthropode éteint	
Arthur Conan Doyle (le père de Sherlock Holmes)	*Arthurdactylus conandoylei*	Ptérosaure	
Carmen Electra	*Carmenelectra*	Mouche	
Brian Eno	*Pseudocorinna brianeno*	Araignée	
Ian Fleming	*Ganaspidium flemingi*	Guêpe	
Le maréchal Foch	*Ctenomys fochi*	Rongeur	

Harrison Ford	*Calponia harrisonfordi*	Araignée	
Benjamin Franklin	*Franklinia*	Plante (théier)	
Sigmund Freud	*Cyclocephala freudi*	Scarabée	
Indira Gandhi	*Spelaeornis troglodytoides indiraji*	Oiseau (turdinule troglodyte)	
Andrew Garfield	*Pritha garfieldi*	Araignée	L'acteur a interprété deux fois Spider-Man au cinéma.
Art Garfunkel	*Avalanchurus garfunkeli*	Trilobite	
Tobey Maguire	*Filistata maguirei*	Araignée	L'acteur a interprété trois fois Spider-Man au cinéma.
Paul Simon	*Avalanchurus simoni*	Trilobite	

BIENVENUE DANS L'ANTHROPOCÈNE

C'est désormais une quasi-certitude, notre planète serait entrée dans une nouvelle ère géologique au courant des années 1950. L'Anthropocène, c'est son nom, est un néologisme formé à partir des mots « homme » et « récent » en grec. Son étymologie seule suffit à comprendre qui est responsable de ce changement majeur dans l'histoire de la Terre... Le météorologue néerlandais Paul Crutzen (prix Nobel de chimie 1995), auteur du concept, a voulu signifier que l'influence des activités humaines sur le système terrestre était désormais prépondérante. Nous voilà donc sortis de l'Holocène, l'époque géologique commencée après la dernière glaciation et qui couvre les dix derniers millénaires. Un rapport très fourni, publié début 2015, a confirmé ces implications vertigineuses. « En un peu plus de deux générations, l'humanité est devenue une force géologique à l'échelle de la planète », écrivent ses auteurs. Si l'homme peuple la Terre depuis trois millions d'années avec une accumulation de ses activités industrielles au XIXe siècle, c'est bien à partir de 1950 que tous les indicateurs étudiés montent en flèche : émissions de gaz à effet de serre, hausse des températures, acidification des océans, perte de forêts tropicales, érosion de la biodiversité, artificialisation des sols... La responsabilité n'étant pas, bien entendu, partagée également entre tous les pays du monde. En effet ce sont les pays de l'OCDE, dits « développés », qui se taillent la part du lion dans ce funeste bilan. Certains proposent de choisir l'explosion de la première bombe atomique de l'histoire, le 16 juillet 1945 dans le désert du Nouveau-Mexique, comme point de départ de l'Anthropocène. Pour la première fois, dans l'histoire, l'homme disséminait des matières radioactives autour du globe.

LE CERVEAU HUMAIN

Poids moyen : 1,5 kg	Volume moyen : 1 130 cm^3

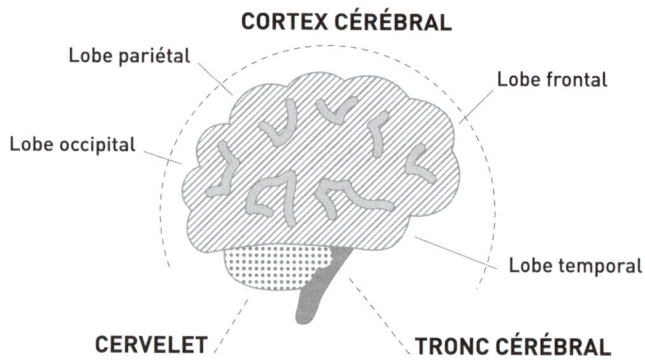

Le cerveau est recouvert d'une épaisse couche de tissus nerveux : le **cortex**. Il est lui-même divisé en quatre aires : le **lobe occipital**, le **lobe pariétal**, le **lobe frontal** et le **lobe temporal**. Ils remplissent chacun plusieurs fonctions spécifiques. À l'intérieur du cerveau se niche le **système limbique**, qui contrôle notamment nos émotions. En dessous du cortex, on trouve le **cervelet**, qui relaie l'information en direction des muscles afin de contrôler le mouvement, et le **tronc cérébral**, qui relie le cerveau à la moelle épinière et contrôle quant à lui les fonctions vitales du corps.

FONCTIONS DES AIRES CÉRÉBRALES

CORTEX CÉRÉBRAL			
LOBE OCCIPITAL	**LOBE PARIÉTAL**	**LOBE FRONTAL**	**LOBE TEMPORAL**
– Perception visuelle (traitement des signaux envoyés par la rétine) – Reconnaissance des couleurs – Perception des distances – Détection des mouvements	– Interprétation des informations sensorielles (vision, toucher, audition) – Perception de l'espace, orientation – Perception de la position du corps – Création des signaux de la douleur – Perception du temps – Attention visuelle – Reconnaissance des visages	– Fonctions motrices (le lobe frontal gauche contrôle le côté droit, et le lobe frontal droit contrôle le côté gauche) – Raisonnement, sens critique – Concentration – Planification – Prise de décision – Jugement – Contrôle des impulsions – Mémoire des habitudes et des mouvements – Conscience de soi et « personnalité » – Émotions, empathie – Langage	– Perception auditive – Compréhension de la parole – Sens du rythme – Mémorisation, capacité d'apprentissage – Traitement de certaines informations visuelles – Identification des objets, catégorisation – Certaines émotions

CERVELET
– Coordination des gestes – Équilibre – Mémorisation motrice – Tonus musculaire (état permanent de tension des muscles afin de s'opposer à l'action de la gravité)

- Il ne représente que 2 % de notre masse totale, mais reçoit 15 % du débit cardiaque et consomme 20 % de l'oxygène de notre corps.
- Il utilise jusqu'à 25 % de l'énergie du corps, sous forme de glucose. C'est l'organe le plus vorace en énergie.
- Il contient 160 000 kilomètres de vaisseaux sanguins.
- Il est composé à 75 % d'eau.
- Il contient 100 milliards de neurones, autant qu'il y a d'étoiles dans la Voie lactée. La moitié se trouve dans le cervelet, qui ne représente que 10 % du cerveau.
- Il est dépourvu de récepteurs sensoriels de la douleur : le cerveau est ainsi le seul organe qui ne ressent pas la douleur.
- Il peut survivre 4 à 6 minutes sans oxygène. Passé ce délai, ses cellules commencent à mourir.
- Sa structure est semblable à celle du cerveau de tous les autres mammifères, mais c'est le plus gros en proportion par rapport au reste du corps.
- La « supériorité » du cerveau humain tient surtout à ce qu'il se développe majoritairement après la naissance. La plupart des mammifères naissent avec un cerveau avoisinant 90 % du poids adulte, alors que chez l'homme il est à peine de 28 %.

LE NOMBRE D'INSECTES SUR TERRE... SUITE

Il est très difficile de répondre à cette question de façon précise, et même d'arriver à une estimation quelque peu resserrée. On est déjà très loin de connaître toutes les espèces d'insectes qui peuplent notre planète : environ un million ont été identifiées et on suppose qu'il en existe au moins six millions, voire dix, ou plus encore. Les scientifiques sont en mesure de dire qu'il existerait entre 1 et 10 trillions (10 milliards de milliards) d'insectes vivants à un moment donné. Ce qui donnerait plus de 1,4 milliard d'insectes par homme sur terre.

Parmi les espèces identifiées, 40 % sont des coléoptères (scarabées, coccinelles, etc.). Mais en termes d'individus, ce sont les fourmis qui sont les plus nombreuses. Elles représenteraient 15 à 20 % de la biomasse animale totale et pèseraient autant que l'humanité sinon plus !

SPIDER-MAN N'EXISTERA JAMAIS

À ceux qui espéraient voir un jour une araignée humaine arpenter les façades des immeubles, des chercheurs de l'université de Cambridge ont apporté la preuve que cela n'arriverait jamais. Les raisons en sont purement physiques. Pour coller au plafond, la plupart des espèces animales utilisent la même astuce : leurs appendices sont recouverts de nanopoils dont le nombre, un million à chaque orteil dans le cas du gecko, fait la force. Chacun de ces poils établit une liaison intermoléculaire avec la surface, baptisée force de Van der Waals. Et plus une espèce grandit, plus cette liaison a besoin d'être forte. C'est en effet une loi immuable de la physique : quand la surface s'accroît au carré, le volume – et donc le poids – croît au cube. Un insecte n'a besoin que d'un millième de son organisme couvert de poils adhésifs, quand le gecko, reptile 7 000 fois plus lourd qu'une mouche, a environ 4 % de sa surface couverte (essentiellement au bout de ses doigts).

Qu'en est-il de l'homme ? Avec un organisme de cette taille, l'idée de concevoir des gants munis du même genre de poils devient inepte. Les chercheurs ont établi que pour supporter un poids moyen de 80 kilos, notre corps aurait besoin d'être recouvert d'adhésif sur 40 % de sa surface. Soit 80 % sur une seule de ses faces (ce qui est plus pratique pour grimper aux murs). Une autre solution avancée par les chercheurs serait de faire porter aux aspirants Spider-Man des chaussures en pointure 145 !

LES DINOSAURES

Ces « lézards terribles », selon l'étymologie, ont régné sur la surface du globe pendant 160 millions d'années. À titre de comparaison, notre espèce, *Homo sapiens*, a fait ses premiers pas il y a 200 000 ans environ. Les dinosaures ont vécu au Mésozoïque, qui débute il y a 245 millions d'années, et se sont éteints avec lui, il y a 65 millions d'années. Au début de cette ère, la Pangée, ce super-continent unique, n'était pas encore fragmentée ; les dinosaures ont donc pu coloniser toutes les régions du monde les pieds au sec. Selon une étude de 2006, 527 genres de dinosaures avaient été décrits avec certitude et 1 844 étaient encore à classer. Les dinosaures présentaient une variété de caractères au moins aussi importante que les mammifères aujourd'hui : certains étaient carnivores, d'autres herbivores ; certains étaient bipèdes, d'autres quadrupèdes… Les tout premiers dinosaures n'étaient pas des mastodontes ; il a fallu des millions d'années pour que les géants s'affirment. Le plus gros dinosaure retrouvé est le *Brachiosaurus brancai*, aussi connu sous le nom de giraffatitan. Il mesurait 12 mètres de haut et 22,50 mètres de long, et aurait pesé entre 30 et 60 tonnes. À titre de comparaison, un éléphant d'Afrique, le plus grand animal terrestre actuel, pèse en moyenne 7,7 tonnes. Ce colosse était un paisible herbivore, comme le diplodocus, et se contentait de mastiquer des feuilles de ginko. Par définition, les carnivores étaient moins massifs, car ils devaient jouer sur leur vélocité. Le tyrannosaure, qui en est l'exemple le plus célèbre, mesurait 12 mètres de long et ses hanches, qui constituaient le sommet de son corps constamment allongé à l'horizontale, culminaient à 4 mètres. Ses dents pouvaient atteindre 20 centimètres de longueur, et elles se renouvelaient tout au long de sa vie, comme celles du requin. L'immense majorité des dinosaures étaient des végétariens. En analysant leurs dents ainsi que leurs excréments fossilisés (« coprolithes »), on peut reconstituer leur régime. Jusqu'au Crétacé, l'herbe n'existait pas. Les iguanodons se nourrissaient donc de plantes, de conifères, de fougères arborescentes. Seules les toutes dernières espèces de dinosaures ont vraisemblablement mangé de l'herbe.

LISTE DES ESPÈCES LES PLUS MENACÉES 2/6

Type	Espèce	Nom vernaculaire	Répartition géographique	Population estimée	Menaces
Poisson	*Bahaba taipingensis*	Bahaba chinois	Côte chinoise du fleuve Yangtsé, Chine et Hong Kong	Inconnue	• surpêche en raison de son utilisation dans la médecine traditionnelle
Reptile	*Batagur baska*	Tortue fluviale de l'Inde	Bangladesh, Cambodge, Inde, Indonésie et Malaisie	Inconnue	• exportations illégales en Chine

Plante	*Bazzania bhutanica*	(Hépatique)	Budini et Lafeti Khola, Bhoutan	2 populations	• déforestation • surpâturage • développement
Mammi-fère	*Beatragus hunteri*	Hirola	Sud-est du Kenya et peut-être sud-ouest de la Somalie	< 1 000 individus	• perte d'habitat • concurrence avec le bétail • chasse
Insecte	*Bombus franklini*	Bourdon de Franklin	Oregon et Californie	Inconnue	• maladies transmises par les bourdons « commerciaux » • destruction et dégradation de l'habitat
Mammi-fère	*Brachyteles hypoxanthus*	Muriqui du Nord	Forêt atlantique, sud-est du Brésil	< 1 000	• déforestation et exploitation forestière à grande échelle
Mammi-fère	*Bradypus pygmaeus*	Paresseux nain	Isla Escudo de Veraguas, Panama	< 500	• déforestation des mangroves • chasse
Plante	*Callitriche pulchra*	(Callitriche)	Étangs de l'île de Gavdos, Grèce	Inconnue	• exploitation de l'habitat par le bétail • altération des étangs par les populations locales

Reptile	*Calumma tarzan*	Caméléon tarzan	Région d'Anosibe An'Ala, est de Madagascar	< 100	• agriculture
Rongeur	*Cavia intermedia*	Cochon d'Inde de Santa Catarina	Île Moleques do Sul, Santa Catarina, Brésil	40–60	• altération de l'habitat • chasse • taille réduite de la population
Mammi-fère	*Cercopithecus roloway*	Cerco-pithèque de Roloway	Côte d'Ivoire	Inconnue	• chasse • perte d'ha-bitat
Mammi-fère	*Coleura seychellensis*	Chauve-souris des Seychelles	Deux petites grottes sur les îles Silhouette et Mahé, Seychelles	< 100	• dégra-dation de l'habitat • prédation par des espèces invasives
Fungi	*Cryptomyces maximus*	Galle colorée du saule	Pembro-keshire, Royaume-Uni	Inconnue	• habitat limité
Mammi-fère	*Cryptotis nelsoni*		Volcan San Martín Tuxtla, Veracruz, Mexique	Inconnue	• déforesta-tion • pâturage du bétail • feu • agriculture
Reptile	*Cyclura collei*	Iguane des Galápagos	Hellshire Hills, Jamaïque	Inconnue	• destruc-tion de l'ha-bitat • prédation par des espèces introduites

LE CLITORIS

Le clitoris est le seul organe humain entièrement dévolu au plaisir. Il n'a aucune fonction proprement « utilitaire ». Il possède environ 8 000 terminaisons nerveuses, bien plus que n'importe quelle autre partie du corps et donc plus que le gland du pénis. Contrairement à ce dernier, le clitoris est un organe longtemps oublié des traités d'anatomie. Il faut attendre 1998 pour que soit faite l'anatomie complète du clitoris ; on doit ces travaux à l'urologue australienne Helen O'Connell. Les organes génitaux masculins et féminins sont identiques les premières semaines de gestation ; ils ne se distinguent qu'à la dixième semaine : le tubercule génital s'allonge chez l'embryon mâle et devient pénis, chez l'embryon femelle le tubercule s'installe en clitoris. Le clitoris est donc fait des mêmes tissus que le pénis, ce qui lui confère une grande élasticité.

REPRODUCTION ASEXUÉE

Tous les animaux n'ont pas besoin de sexualité pour se reproduire. Reproduction et sexualité sont deux éléments tout à fait distincts : la première correspond au fait de laisser ses gènes sur la planète, élan qui meut tous les êtres vivants sans exception ; la seconde, quant à elle, n'a été inventée que par une partie des espèces pour se reproduire. Partie largement majoritaire puisque 90 % des espèces animales ont adopté la sexualité comme mode normal de reproduction.

Les êtres unicellulaires sont capables de se reproduire sans pratiquer la sexualité. Cette multiplication asexuée passe généralement par la division d'une cellule mère en deux cellules filles (phénomène de mitose).

D'autres espèces pratiquant la sexualité ont par la suite développé la capacité de se reproduire aussi sans que la femelle ait besoin d'être fécondée par un mâle. On parle alors de parthénogenèse. On la rencontre par exemple chez certains insectes comme les pucerons, les abeilles communes, les phasmes, et chez certains crustacés.

Bien que cette stratégie reproductive possède des avantages évidents, elle ne permet pas beaucoup de diversité dans les générations produites. La parthénogenèse peut n'aboutir qu'à une descendance uniquement composée de mâles (le contingent de fourmis mâles d'une fourmilière est issu de la parthénogenèse) ou bien, ce qui est le plus fréquent, peut donner seulement des femelles. Une espèce de reptile, le lézard fouette-queue *Cnemidophorus*, présente cette caractéristique de ne comporter que des individus femelles, qui se reproduisent tous par parthénogenèse. Elles pratiquent une sorte d'homosexualité particulière où elles imitent, à un moment de leur cycle, le comportement d'un mâle pour engendrer chez un autre partenaire femelle la capacité à développer l'ovule directement vers l'embryon.

QUELQUES DYSFONCTIONNEMENTS SEXUELS

1. **Le syndrome d'excitation sexuelle permanente** (aussi connu sous l'acronyme anglais PGAD) – Il a été décrit pour la première fois en 2001 par des sexologues américains. Il toucherait seulement les femmes. Celles qui en souffrent perçoivent une excitation génitale en l'absence de désir sexuel et de toute stimulation sexuelle. Quand ce syndrome persiste, il devient source de stress et d'épuisement.
2. **L'anorgasmie** – C'est la difficulté ou l'impossibilité d'accéder à l'orgasme, premier motif de consultation chez le sexologue. Ces blocages peuvent avoir des causes physiques, mais ils sont le plus souvent psychologiques.
3. **La sexsomnie** – Ce phénomène, nommé pour la première fois en 2003, touche aussi bien les hommes que les femmes. C'est une forme de somnambulisme avec, pendant le sommeil, des comportements sexuels inconscients et involontaires.

QUAND 2 SECONDES SE SERONT ÉCOULÉES...

La galaxie Andromède se sera approchée de 222 kilomètres de notre galaxie. La collision est prévue dans 4 milliards d'années environ.

UNE MÉDUSE IMMORTELLE

Turritopsis nutricula est une minuscule méduse possédant une faculté fascinante : elle est à ce jour la seule espèce connue à être immortelle. Commençant sa vie sous la forme d'un polype (comme du corail ou une anémone de mer) accroché au fond marin, elle se transforme ensuite en méduse, nageant de tous ses tentacules. Puis elle est capable de recommencer un cycle de vie, redevenant polype, puis à nouveau méduse, et cela, semble-t-il, à l'infini. Les scientifiques, qui l'étudient depuis 1988, n'ont toujours pas percé le secret de sa jouvence éternelle. Elle mettrait en œuvre une sorte d'autoclonage, qui rendrait à ses cellules leur état primitif. C'est peut-être par elle que l'homme découvrira la recette de sa propre immortalité.

LA PHOTOSYNTHÈSE

C'est le processus qui permet de libérer de l'oxygène (élément indispensable à la vie) dans l'atmosphère et de produire de la matière organique (des sucres, donc de l'énergie) à partir du dioxyde de carbone, de l'eau et de la lumière du Soleil. Bien avant les premiers végétaux, elle est apparue en premier lieu chez les bactéries vieilles de 2,7 à 3,8 milliards d'années. Ces organismes unicellulaires vivaient dans l'eau pour se protéger des UV.

LOGIES 1/4

- **Biologie : étude du vivant**
  - **Zoologie : étude des animaux**
    - Mammalogie (ou mastozoologie) : étude des mammifères
      - Primatologie : étude des primates
      - Glirologie : étude des rongeurs et des lapins
      - Hippologie : étude des chevaux
      - Thériologie : étude des animaux sauvages
      - Chiroptérologie : étude des chauves-souris
      - Cétologie : étude des cétacés
        - Delphinologie : étude des dauphins
        - Phalainologie : étude des baleines
    - Ornithologie : étude des oiseaux
    - Ichtyologie : étude des poissons
    - Aquariologie : étude de la faune et de la flore en aquarium
    - Agrozoologie : étude des animaux de ferme
    - Herpétologie : étude des reptiles et des amphibiens
      - Ophiologie : étude des serpents

- Entomologie : étude des insectes
  - Diptérologie : étude des mouches et des moustiques
  - Lépidoptérologie : étude des papillons
  - Coléoptérologie : étude des scarabées et des coccinelles
    - Hyménoptérologie : étude des hyménoptères
      - Myrmécologie : étude des fourmis
      - Apidologie : étude des abeilles
    - Acridologie : étude des criquets
    - Odonatologie : étude des libellules
- Arachnologie : étude des arachnides
  - Acarologie : étude des acariens
  - Aranéologie : étude des araignées
  - Scorpionologie : étude des scorpions
- Myriapodologie : étude des mille-pattes
- Carcinologie : étude des crustacés
- Malacologie : étude des mollusques
  - Conchyliologie (ou ostracologie) : étude des coquillages
  - Teuthologie : étude des céphalopodes (pieuvres, calamars, seiches)
- Géodrilologie : étude des vers de terre
- Parasitologie : étude des parasites
  - Helminthologie : étude des vers intestinaux
- Protozoologie : étude des protozoaires
- Oologie : étude des œufs
- Éthologie : étude des comportements des animaux
  - Sociobiologie : étude des comportements sociaux des animaux
- Épizootiologie : étude des épidémies animales
- Anthrozoologie : étude des relations entre l'homme et l'animal
- Archéozoologie : étude des animaux préhistoriques
- Cryptozoologie : étude des animaux légendaires (yéti, monstre du Loch Ness...)

ADN :

Acide désoxyribonucléique

LE ZOO DES MICROBES

Adieu lions, singes, girafes, le nouveau zoo d'Amsterdam, ouvert en 2014, ne donne à admirer que des virus, mycètes et autres bactéries. Il faut dire que la biodiversité ne se limite pas aux créatures visibles à l'œil nu, toute une micro-nature foisonne, essentielle pour notre survie. Son potentiel ne se limite pas à la fabrication d'antibiotiques : les micro-organismes pourraient bientôt permettre de produire de l'électricité, de construire des bâtiments plus solides et de lutter contre le cancer. Le zoo Micropia se visite comme un laboratoire, où des microscopes sont reliés à des écrans géants : ici un virus Ebola, là des mycètes comme celles qui vivent en permanence sous nos pieds. On peut même s'embrasser devant un *Kiss-o-Meter* qui mesure combien de microbes ont été échangés lors du baiser.

ET POURTANT ELLE TOURNE

Ce n'est ni Christophe Colomb au xve siècle, ni encore moins Galilée au xvie siècle qui découvrit que la Terre était ronde. On le sait depuis l'Antiquité ! Mais alors qui a pensé que la Terre était plate ? Et quand a-t-on compris qu'elle n'était pas le centre de l'univers ? Petite histoire des représentations du monde depuis les Babyloniens :

En Mésopotamie
La plus ancienne tentative connue pour représenter le monde dans son intégralité date du viiie siècle av. J.-C. La Terre a pour centre Babylone et est encerclée par une rivière circulaire correspondant au golfe Persique. Au-delà sont suggérées des régions mystérieuses comme l'« endroit où le Soleil ne se voit pas » (c'est-à-dire le nord).

Hésiode (viiie-viie siècle av. J.-C.)
Au même moment, les Grecs commencèrent à s'intéresser à l'énigme du cosmos. Il ne s'agissait pas pour eux d'établir une cartographie des territoires connus, mais d'imaginer la nature même du monde sur lequel ils marchaient. Ils se représentent d'abord la Terre de façon mythologique, sous la forme d'une déesse, Gaïa, qui occupe le bas de l'univers et possède des racines.

Thalès (VIIe-VIe siècle av. J.-C.)

La Terre est vue pour la première fois comme un disque posé sur l'eau. Ce sont les mouvements de l'eau qui expliquent les tremblements de terre. Ce disque est surmonté d'un dôme où évoluent les planètes, qui ne sont que des disques elles aussi. Les étoiles sont des orifices percés dans la voûte céleste.

Anaximandre (VIIe-VIe siècle av. J.-C.)

Si la Terre repose sur l'eau, sur quoi l'eau repose-t-elle ? Le disciple de Thalès propose une théorie originale. La Terre est un cylindre en suspension au milieu d'un univers infini. Sur la partie plane du dessus est situé le monde habitable entouré d'une masse océanique circulaire. Si le cylindre reste immobile, c'est qu'il est situé au centre exact de l'univers, de sorte qu'il n'a pas de raison d'aller d'un côté plutôt que de l'autre. Pour la première fois apparaît l'idée d'une courbure.

Aristote (IVe siècle av. J.-C.)

C'est vers le Ve siècle av. J.-C. que la Terre est devenue sphérique, dans les modèles conçus par les pythagoriciens. Mais les premières preuves connues sont données par Aristote dans son *Traité du ciel*. La sphéricité de la Terre est le seul moyen d'expliquer pourquoi, lors des éclipses de Lune, la forme réfléchie est toujours courbe. Elle explique également le fait que l'ombre n'est plus la même lorsqu'on se déplace du nord au sud. Certains Anciens ajouteront que, lorsqu'un bateau arrive à l'horizon, on commence à voir le mât avant la proue. Pour Aristote, la Terre, située au centre de l'univers, est entourée d'une sphère d'eau, d'une sphère d'air et d'une sphère de feu. C'est dans la partie supérieure de cette sphère de feu qu'évoluent les étoiles.

Héraclide du Pont (IVe siècle av. J.-C.)

C'est à cet élève d'Aristote qu'on attribue la théorie selon laquelle la Terre tourne sur elle-même, avec une période de révolution de 24 heures.

Eratosthène (IIIe siècle av. J.-C.)

Il est le premier à avoir estimé le périmètre de la Terre, et cela seulement au moyen de calculs géométriques. Il obtient une valeur de 39 350 kilomètres, ce qui est très proche des mesures réelles (40 075 kilomètres). Pourtant, ce sont les calculs erronés d'un autre savant, Posidonios d'Apamée (IIe-Ier siècle av. J.-C.), qui passèrent pour les plus crédibles jusqu'à la Renaissance. Il estimait que le tour de la Terre n'excédait pas 30 000 kilomètres. Cela a probablement influencé la décision de Christophe Colomb de rejoindre l'Asie en naviguant par l'ouest, puisque l'Inde n'aurait alors été située qu'à une dizaine de milliers de kilomètres des côtes européennes.

Début de l'ère chrétienne et Moyen Âge

Le christianisme a indéniablement bouleversé des siècles de recherches astronomiques : les Écritures saintes expliquent que la Terre est plate, soutenue par des « colonnes » et surmontée d'un dôme solide, le firmament. Comme les savants étaient aussi des théologiens, plusieurs lectures littérales de la Bible ont ressuscité l'idée d'un monde en forme de disque. Le plus célèbre d'entre eux est l'apologiste Lactance (IIIe-IVe siècle), pour qui « il est insensé de croire qu'il existe des lieux où les choses puissent être suspendues de bas en haut ». En réalité, la plupart des astronomes chrétiens continuèrent à admettre une Terre ronde. Gossuin de Metz (XIIIe siècle) la compare à une pelote. Impossible en revanche de concevoir notre planète, création privilégiée de Dieu tout-puissant, autrement que comme le centre de l'univers.

Copernic (1474-1543)

C'est à cet astronome polonais que l'on doit la grande révolution héliocentrique. Voici les conclusions auxquelles arriva Copernic :
– La Terre n'est pas le centre de l'univers, mais seulement le centre du système Terre-Lune.
– Toutes les sphères, y compris les étoiles, tournent autour du Soleil, centre de l'univers.
– La Terre tourne autour d'elle-même suivant un axe nord-sud.
– La distance Terre-Soleil est infime comparée à la distance entre le Soleil et les autres étoiles.
Curieusement, ces thèses provoquèrent assez peu de protestations au moment de leur parution. Copernic avait eu la prudence, ou l'obligation, de présenter ses travaux moins comme une représentation du monde que comme un outil de calcul très utile. Luther le traita de sot, mais le pape Grégoire XIII se fondera sur ses calculs pour instituer le calendrier grégorien.

Kepler (1571-1630)

Ce savant allemand a affiné le modèle copernicien, qui décrivait le mouvement des planètes comme circulaire et uniforme. Pour Kepler, elles tournent autour du Soleil mais en suivant une trajectoire elliptique.

Galilée (1564-1642)

C'est lui qui a payé pour l'héliocentrisme : le célèbre procès de Galilée, au terme duquel il dut jurer sur la Bible que la Terre était bien le centre de l'univers, n'était en fait que le procès du modèle copernicien avec un siècle de retard. Le savant italien s'était contenté de valider les prédictions de Copernic et Kepler au moyen d'observations très précises effectuées avec sa lunette astronomique, instrument qu'il avait sinon inventé, du moins perfectionné de façon décisive. Au terme de sa condamnation en 1633, il vécut en résidence surveillée jusqu'à sa mort.

Newton (1643-1727)

En inventant le principe de la force gravitationnelle, le savant anglais a établi un modèle permettant d'expliquer les observations de ses prédécesseurs. On fut désormais en mesure d'expliquer pourquoi les corps sont retenus à la surface de la Terre, pourquoi la Lune tourne autour de la Terre et pourquoi toutes les autres planètes tournent autour du Soleil. C'est ce modèle qui ne cessera ensuite d'être confirmé et précisé par les avancées dans le domaine astronomique. Grâce à Newton, on a une image plus précise de notre planète ; celle-ci n'est pas plate, mais pas non plus vraiment sphérique : elle est boursouflée à l'équateur et aplatie aux pôles.

Edwin Hubble (1889-1953)

Il faut attendre le début du xxᵉ siècle pour entériner de façon définitive l'idée que le Soleil, centre de notre système planétaire, n'est pas le centre de l'univers. La théorie du Big Bang, qui s'appuie sur les calculs de l'astrophysicien américain Edwin Hubble, rend inepte l'idée même d'un centre de l'univers. Notre Soleil n'est qu'un point dans la Voie lactée, elle-même galaxie parmi une multitude d'autres.

CES ASTÉROÏDES QUI MENACENT DE NOUS PERCUTER

Ils seraient au moins 1 400 d'après un rapport de la NASA paru en 2013. Un chiffre qui fait frémir quand on sait que ne sont pris en compte pour cette étude que les gros objets de plus de 140 mètres de diamètre. À titre de comparaison, la pluie de météorites qui s'était abattue sur l'Oural en 2013 faisant près de mille blessés avait été formée par la désagrégation à son entrée dans l'atmosphère d'un astéroïde de seulement 17 mètres de diamètre. Heureusement, aucun de ces astéroïdes décrits comme « potentiellement dangereux » n'est à même de frôler la Terre avant au moins un siècle. Il reste que les météorites représentent un risque de catastrophe naturelle certain, quoique très faible, et cela d'autant plus que leurs impacts sont très difficilement prévisibles. Le 22 mars 2016, aux alentours de 15 h 30, une petite comète a « frôlé » la Terre à 3,4 millions de kilomètres, soit à peu près dix fois la distance de notre planète à la Lune. De mémoire d'homme, une seule comète, connue sous le nom de Lexell, nous aurait approchés de plus près le 1er juillet 1770, à environ 2,3 millions de kilomètres de distance.

CHRONOLOGIE DE L'ÉVOLUTION

Ce diagramme (page ci-contre) représente toute l'histoire de l'évolution, depuis le Big Bang jusqu'à nos jours. Plus nous avançons dans le temps, plus l'évolution s'accélère, rendant nécessaire de zoomer dans l'échelle du temps.
L'extrémité droite de la ligne est donc agrandie successivement, pour arriver à l'apparition de l'homme, qui existe depuis 200 000 ans, soit 0,0013 % de l'histoire de l'univers.
Sur ces 200 000 ans, 194 000 ans correspondent à ce que l'on appelle la préhistoire. Les hommes de cette époque vivaient en groupes nomades, se nourrissant grâce à la cueillette, la chasse et la pêche. Ils ont conscience de la mort, utilisent un langage, sculptent des objets et créent des représentations artistiques qu'ils peignent sur des rochers. Les dernières 10 000 années de cette période ont été marquées par une évolution majeure au Proche-Orient, ainsi qu'en Inde et en Chine : l'invention de l'agriculture, dont la conséquence a été la sédentarisation. Et donc la création de villages, puis de villes. La préhistoire s'achève plus précisément il y a 6 000 ans, date où l'on situe l'apparition de l'écriture. À partir de cet instant, le destin de l'homme ne sera plus déterminé principalement par l'évolution biologique, mais par les idées et la culture. Il entre alors dans l'Histoire.

L'HORLOGE LA PLUS PRÉCISE DU MONDE

Des physiciens américains ont dévoilé en 2013 l'horloge atomique expérimentale la plus précise du monde. Son battement est dix fois plus

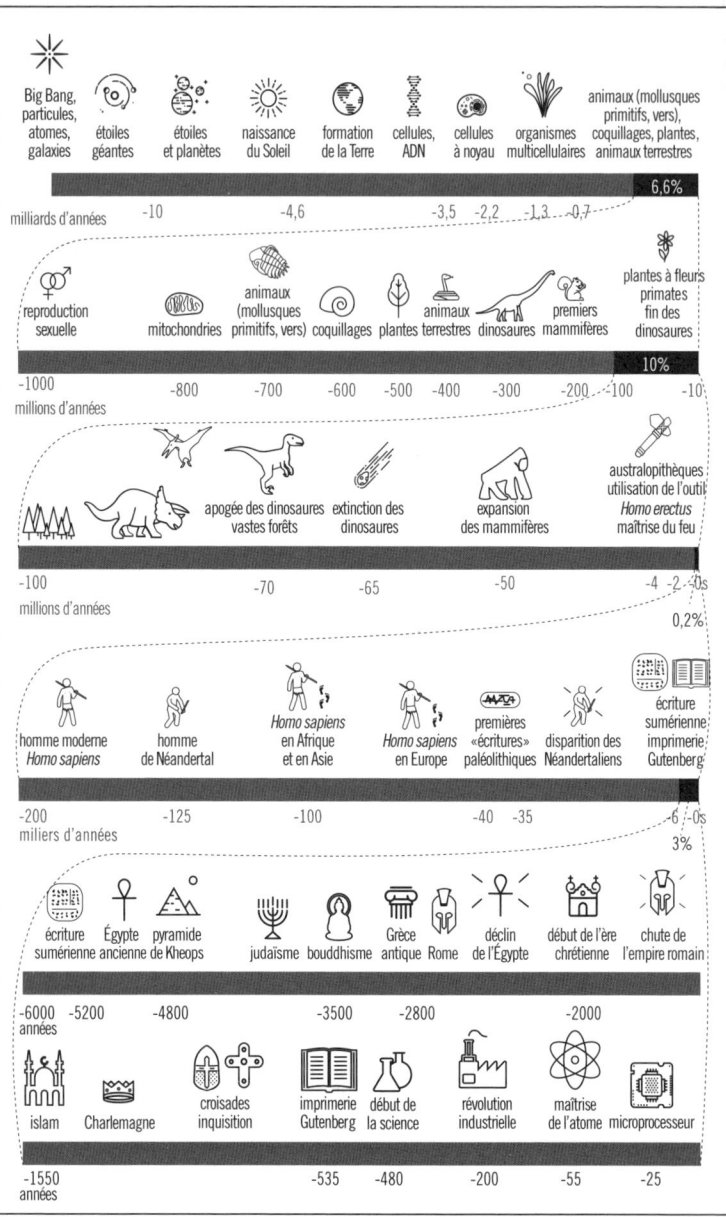

Big Bang, particules, atomes, galaxies — étoiles géantes — étoiles et planètes — naissance du Soleil — formation de la Terre — cellules, ADN — cellules à noyau — organismes multicellulaires — animaux (mollusques primitifs, vers), coquillages, plantes, animaux terrestres

6,6%

milliards d'années −10 −4,6 −3,5 −2,2 −1,3 −0,7

reproduction sexuelle — mitochondries — animaux (mollusques primitifs, vers) — coquillages — plantes terrestres — animaux — dinosaures — premiers mammifères — plantes à fleurs primates fin des dinosaures

10%

−1000 −800 −700 −600 −500 −400 −300 −200 −100 −10
millions d'années

apogée des dinosaures vastes forêts — extinction des dinosaures — expansion des mammifères — australopithèques utilisation de l'outil Homo erectus maîtrise du feu

−100 −70 −65 −50 −4 −2 −0s
millions d'années

0,2%

homme moderne Homo sapiens — homme de Néandertal — Homo sapiens en Afrique et en Asie — Homo sapiens en Europe — premières «écritures» paléolithiques — disparition des Néandertaliens — écriture sumérienne imprimerie Gutenberg

−200 −125 −100 −40 −35 −6 −0s
miliers d'années

3%

écriture sumérienne — Égypte ancienne — pyramide de Khéops — judaïsme — bouddhisme — Grèce antique Rome — déclin de l'Égypte — début de l'ère chrétienne — chute de l'empire romain

−6000 −5200 −4800 −3500 −2800 −2000
années

islam — Charlemagne — croisades inquisition — imprimerie Gutenberg — début de la science — révolution industrielle — maîtrise de l'atome — microprocesseur

−1550 −535 −480 −200 −55 −25
années

régulier que celui des horloges atomiques qui existaient jusque-là. Elle est dix milliards de fois plus précise qu'une montre à quartz classique et s'avère capable de varier de moins d'une seconde en 13,8 milliards d'années, soit l'âge estimé de l'univers. Une horloge atomique, comme n'importe quelle horloge, maintient la mesure du temps en se basant sur la durée d'une seconde selon un phénomène physique qui se reproduit régulièrement. Alors que les horloges mécaniques utilisent le mouvement d'un pendule, les horloges atomiques s'appuient sur la fréquence toujours constante de la lumière nécessaire pour faire vibrer un atome de césium, la référence internationale actuelle. Cette nouvelle horloge hors norme est quant à elle constituée de 10 000 atomes d'ytterbium refroidis un peu au-dessus du zéro absolu (– 273,15 °C) et piégés dans des puits optiques formés de rayons laser. Un autre laser « bat » 518 000 milliards de fois par seconde, créant une transition entre deux niveaux d'énergie dans les atomes qui assure une vibration d'une régularité encore plus grande qu'avec un atome de césium. Les applications permises par cette avancée sont considérables : amélioration des systèmes GPS, mesure plus précise de la gravité, du champ magnétique et de la température, et peut-être même une redéfinition internationale de la seconde et donc du temps universel.

CYCLES DU SOMMEIL

Le sommeil occupe un tiers de notre existence. Il est constitué de cycles de 90 minutes environ, qui se répètent tout au long de la nuit, de quatre à six fois en moyenne. Chaque cycle peut se décomposer en six phases :

I. L'endormissement
La respiration devient plus lente, les muscles se relâchent, la conscience diminue. Durant ce stade de demi-sommeil, les muscles peuvent montrer de petites contractions, souvent avec l'impression de tomber dans le vide.

II. Le sommeil léger
Il est encore facile de se réveiller à ce moment, un bruit ou une lumière peuvent suffire, mais on se souvient d'avoir dormi. Les activités oculaire et musculaire se réduisent.

III. et IV. Le sommeil profond et le sommeil très profond

Le dormeur est isolé du monde extérieur par le sommeil. Il s'agit d'une phase très importante car tout l'organisme est au repos et récupère de la fatigue physique accumulée. Le cerveau émet des ondes lentes et amples.

V. Le sommeil paradoxal

Cette phase est plus courte que les précédentes. Elle est « paradoxale » car l'individu présente simultanément des signes de sommeil très profond et des signes d'éveil (le visage présente des expressions, la respiration est irrégulière et l'activité cardiaque est élevée). L'activité cérébrale aussi est intense : c'est là que se produit le mystérieux phénomène qu'est le rêve.

VI. Le sommeil intermédiaire

Cette phase, brève elle aussi, conclut le sommeil paradoxal et nous place dans un état propice à l'éveil. Elle débouche ou sur un nouveau cycle, ou sur le réveil complet si la nuit est terminée.

RECORDS CHEZ LES INSECTES

Quand ces performances représentent également un record pour tout le monde animal, elles sont marquées d'un ↗.

Le plus lourd : le scarabée goliath (jusqu'à 115 g).

Le plus long : un phasme « super-canne de Chan » découvert en 2008 (35,6 cm, et 56,7 cm avec les pattes dépliées).

Le plus gros de tous les temps : *Meganeuropsis permiana* (libellule géante qui vivait il y a 250 millions d'années, longue de 43 cm, d'une envergure de 71 cm et pesant 450 g).

Le plus bruyant : la punaise d'eau *Micronecta scholtzi* (99,2 décibels)*.

Celui qui vole le plus vite : le taon *Hybomitra hinei* (145 km/h).

Celui qui bat des ailes le plus vite : le moucheron *Forcipomyia* (62 760 battements/minute). ↗

Celui qui court le plus vite : le scarabée tigre *Cicindela hudsoni* (9 km/h).

Celui qui nage le plus vite : le coléoptère tourniquet (2,88 km/h).

Celui dont le venin est le plus puissant : la fourmi rouge moissonneuse**.

Celui qui vit le plus longtemps : les reines termites, les reines fourmis et les larves de coléoptères buprestes (jusqu'à 50 ans).

Celui qui se reproduit le plus vite : l'éphémère *Dolania americana* (5 min entre la fécondation de la femelle et la ponte des œufs). ↗

Celui qui a le temps de génération le plus court : le puceron *Rhopalosiphum prunifolia* (4 jours et 17 heures)***. ↗

Celui qui pond les plus gros œufs : l'abeille charpentière (16,5 mm de long pour 3 mm de large).

Celui qui est capable du mouvement le plus rapide : la fourmi *Odontomachus bauri* (elle referme ses mandibules à une vitesse de 64 m/s, soit 230 km/h, soit encore 2 300 fois plus vite qu'un clignement d'œil). ↗

Celui qui possède les plus gros testicules par rapport à sa taille : la decticelle côtière (14 % de son volume total). ↗

* Ce petit insecte de 2 mm stridule en frottant son pénis contre son abdomen. Le son qu'il produit est presque aussi puissant qu'un marteau-piqueur. Mais on ne l'entend jamais aussi fort car il est absorbé à 99 % par l'eau.

** 10 mg de son venin suffisent théoriquement à tuer un homme de 80 kilos (cette toxicité a été mesurée sur des rats). Sachant qu'une piqûre peut injecter 0,021 mg de substance venimeuse, il faudrait tout de même près de 500 piqûres pour le terrasser. Une dizaine de piqûres suffisent à cette fourmi pour tuer un rat de 2 kg.

*** Le temps de génération correspond au temps moyen entre la fécondation et la maturation sexuelle de la nouvelle génération. C'est grâce à ce temps de génération très court que les espèces invasives peuvent développer rapidement des résistances aux éléments agressifs comme les insecticides.

BIZARRERIE GÉNÉTIQUE

En 2015 aux États-Unis un test de paternité a révélé à un homme qu'il n'était pas le père de son enfant, mais son oncle. Cet Américain n'a pourtant aucun frère. Et cet enfant avait été conçu *in vitro* avec ses seuls spermatozoïdes ! Comment expliquer alors que le bébé ne possède pas la moitié, mais un quart du matériel génétique de son père ? Ce dernier avait eu, à son insu, un faux jumeau qui n'est jamais né. Dans l'utérus, il avait « absorbé » l'embryon de son frère, et a ainsi produit des cellules porteuses de son ADN. Environ 10 % des spermatozoïdes de cet homme portent donc les gènes de son frère fantôme : c'est l'un d'eux qui a fécondé l'ovule de sa femme. Ce phénomène extrêmement rare est connu sous le nom de « chimérisme ».

Moins fortuné est ce Vietnamien qui a découvert en 2016 qu'il n'était le père que d'un de ses jumeaux. Le second a été identifié comme le fils d'un autre, avec qui la femme avait eu un rapport sexuel peu de temps après avoir été fécondée par son mari. Cela peut arriver quand l'ovulation produit deux ovocytes (condition à la fabrication de faux jumeaux) : chacun peut fusionner avec un spermatozoïde différent, provenant ou non du même homme. Il y a alors « superfécondation », l'une venant par-dessus l'autre, et naissent deux jumeaux qui ne sont en fait que demi-frères.

ARBRE PHYLOGÉNÉTIQUE DE LA VIE

Un arbre phylogénétique est une représentation schématique des relations de parenté entre des groupes d'êtres vivants. Darwin fut un des premiers scientifiques à proposer une histoire des espèces représentée sous la forme d'un arbre. Nous proposons ci-dessous un arbre phylogénétique simplifié des groupes d'espèces connues sur terre.

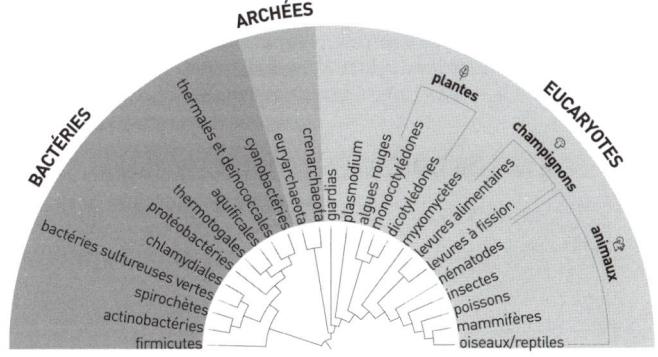

LA PLUS VIEILLE PROTHÈSE DE PIED

La plus vieille prothèse de pied a été découverte dans le sud de l'Autriche à Hemmaberg. Elle a été identifiée près du squelette d'un homme amputé du pied gauche et de la cheville et ayant vécu au VIe siècle. La prothèse était faite de cuir et de bois, le tout fixé à la jambe par un anneau de fer. Les chercheurs pensent qu'il s'agissait d'une personnalité de haut rang et que le traitement médical qu'il a reçu devait être particulièrement bon.

DOSES LÉTALES

Voici les dosages auxquels des produits tout à fait banals peuvent entraîner la mort (sur la base d'un homme de 70 kilos) :

Chocolat noir : 11,60 kg (116 tablettes)
Eau : 8,3 l (5 bouteilles et demi)
Alcool à 90° : 500 g (240 verres à shot)
Sel de table : 225 g (48 cuillères à café)
Ibuprofen 600 : 30 g (50 comprimés)
Café moulu : 120 g (un demi-paquet)

Aspirine : 11,20 g (19 comprimés)
Nicotine : 3,70 g (520 cigarettes inhalées)
Venin de guêpe : 0,5 g (1 000 piqûres)
Cyanure : 0,5 g (2 noyaux de cerise s'ils sont soigneusement
mâchés ; gobés, ils sont inoffensifs)
Retenir sa respiration pendant 6 minutes
Grimper à 8 000 m d'altitude
Entendre un son de 190 dB.

ÉTAT DE CONSCIENCE D'UN PATIENT

En 1974, Graham Teasdale et Bryan Jennett, deux professeurs de neurochirurgie à l'université de Glasgow, mirent au point une échelle afin d'évaluer l'ampleur d'un traumatisme crânien et d'adopter une stratégie rapide dans le but de maintenir les fonctions vitales. Cette « échelle de Glasgow » est toujours utilisée comme indicateur de l'état de conscience des patients.

L'interprétation de l'échelle est la suivante : de 3 à 6 coma profond (ou mort), de 7 à 9 coma lourd, de 10 à 14 somnolence ou coma léger, 15 tout va bien. Elle s'évalue selon trois critères : l'ouverture des yeux, la réponse verbale et la réponse motrice.

Chacun de ces trois critères est « scoré » en fonction de la conscience et de la réactivité de l'individu. La somme des trois scores donne l'indication recherchée sur l'échelle de Glasgow.

LANGUE DES SIGNES

Malgré ce que l'on pourrait croire, la langue des signes n'est pas universelle. Même s'il existe de nombreuses similarités entre elles, il y a autant de langues des signes que de communautés de sourds. Comme pour les langues orales, elles ont chacune leur histoire, leur lexique, leurs nuances. La langue des signes pratiquée dans une région correspond en général à la langue orale de cette même région, mais cela n'est pas systématique. Il existe aussi une langue des signes internationale, sorte d'espéranto des signes, fabriquée à partir d'éléments de différentes langues des signes (européennes pour l'essentiel). Elle est utilisée dans les conférences internationales des sourds et à des rassemblements comme les Jeux olympiques des sourds.

Voici l'alphabet dactylologique en langue des signes française :

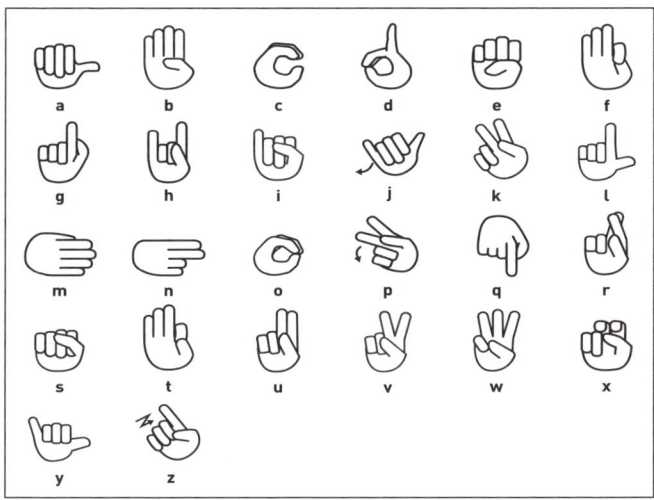

RÉCHAUFFEMENT

Selon son dernier rapport sur le sujet (2015), l'OMS estime que le dérèglement climatique pourrait entraîner près de 250 000 décès par an entre 2030 et 2050. Parmi ces décès, 38 000 seraient dus à l'exposition à la chaleur des personnes âgées, 48 000 à la diarrhée, 60 000 au paludisme et 95 000 à la sous-alimentation des enfants.

LE 29 FÉVRIER

La rotation de la Terre sur elle-même n'est pas verrouillée sur sa révolution autour du Soleil : une année ne dure pas exactement 365 jours, mais 365,24219. Impossible, donc, de diviser l'année en un nombre entier de jours sans voir les saisons se décaler au fil des décennies. Les Romains avaient remarqué que l'année durait environ 365 jours plus un quart de journée : lors de la création du calendrier julien

(45 av. J.-C.), on décida simplement d'ajouter un jour tous les quatre ans. Cette journée supplémentaire s'intercala vers la fin du mois de février, car c'était le dernier mois de l'année romaine. Elle était considérée comme un deuxième 23 février, sixième jour avant les calendes de mars, qui marquaient le passage dans la nouvelle année. Elle reçut donc le nom de *bis-sextilis*, « second sixième jour ».

Mais le calendrier julien n'était pas tout à fait juste : l'année dure plutôt 365 jours plus un quart de jour moins environ trois centièmes de quart. L'année civile a donc lentement dérivé par rapport à l'année solaire, si bien qu'à la fin du XVIe siècle l'équinoxe de printemps semblait se produire de plus en plus près des mois d'été. On fêtait Pâques au début du mois de mars ! En 1582, le pape Grégoire XIII fit réformer le calendrier : l'enjeu était de trouver un moyen de retrancher ces trois centièmes de quart. Les savants eurent l'idée de retirer trois années bissextiles tous les 400 ans en décidant que les années « séculaires » (1600, 1700, 1800, etc.) n'auraient un 29 février que si elles étaient divisibles par 400. Ainsi, 1600, 2000 et 2400 sont des années bissextiles mais pas 1700, 1900 ou 2100. Cet ajustement n'est toujours pas parfait : il engendre une avance de 3 jours tous les 10 000 ans. L'ultime solution trouvée par les scientifiques a été d'ajouter, de temps à autre, une seconde supplémentaire au temps de l'horloge. La première « seconde intercalaire » de l'histoire date de 1972.

LES COUCHES DE LA TERRE

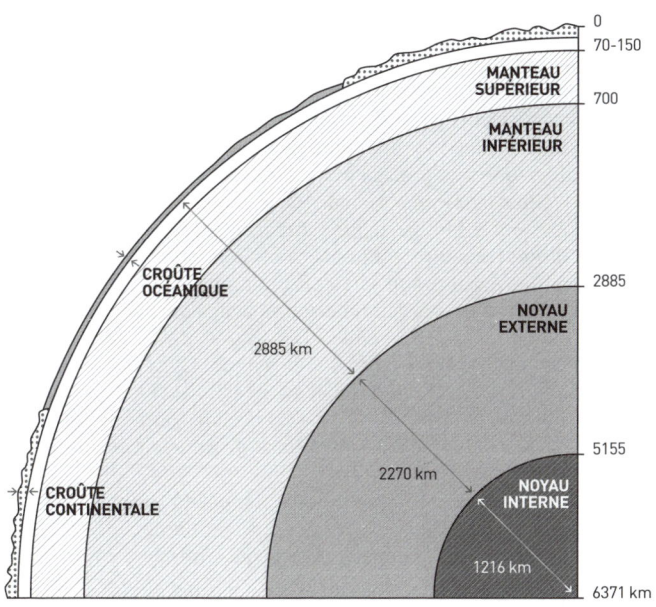

ALFRED NOBEL

Alfred Nobel est né à Stockholm en 1833, dans une famille de grands scientifiques. Après des études aux États-Unis, il se spécialise dans l'étude des explosifs. Dans son usine, il s'attelle à rendre la nitroglycérine moins instable et donc plus propre à une utilisation sécurisée. Ses expériences provoquent certaines explosions désastreuses, dont une en 1864 qui coûte la vie à cinq personnes, parmi lesquelles Emil Nobel, son frère cadet. Il finit par trouver un moyen de maîtriser la puissance du composé explosif et fait breveter son invention en 1867 sous le nom de dynamite. Il s'installe en France en 1873, où il fréquente Bertha von Suttner, la pacifiste autrichienne qui recevra le prix Nobel de la paix en 1905, neuf ans après la mort d'Alfred. Dans son laboratoire français, il invente un nouvel explosif encore plus puissant et pratique d'emploi que la dynamite classique, qui se présente sous la forme d'une sorte de plastique gomme.

En 1888, un journal français publie par erreur sa nécrologie prématurée. Le texte assène : « Le marchand de la mort est mort. Le Dr Alfred Nobel, qui fit fortune en trouvant le moyen de tuer plus de personnes plus rapidement que jamais auparavant, est mort hier. » Alfred est piqué au vif et réfléchit à une façon de laisser de lui une image moins funeste après sa mort. Le 27 novembre 1895, dans le secret du club suédo-norvégien de Paris, il met un point final à son testament : sans enfants, il lègue l'intégralité de sa fortune pour la création d'un prix qui récompensera chaque année des hommes ou des femmes ayant rendu service à l'humanité. Plus exactement, le prix Nobel désignera des personnes ayant permis un progrès considérable dans cinq domaines : la paix et la diplomatie, la littérature, la chimie, la médecine et la physique. L'économie ne sera récompensée qu'à partir de 1968. Il meurt d'un accident vasculaire cérébral l'année suivante dans sa villa de San Remo en Italie. Sa fortune est alors estimée à 1,7 milliard de couronnes suédoises (179 millions d'euros).

Au début de l'année 1897, quand le public prend connaissance de son testament, la stupeur est générale. C'est un document extrêmement peu patriotique pour l'époque, qui s'attelle à promouvoir et encourager la recherche mondiale, la communauté scientifique étant vue pour la première fois comme internationale. Pourquoi un prix Nobel de littérature au milieu de quatre sciences « dures », et non un prix Nobel de mathématiques ? La légende raconte qu'Alfred Nobel aurait voulu éviter que le prix revienne un jour à Gösta Mittag-Leffler, le mathématicien qui lui avait volé le cœur de sa maîtresse, Sophie Hess. Les statuts de la Fondation Nobel et les règlements relatifs aux institutions chargées de décerner les prix sont promulgués le 29 juin 1900. Les prix ne sont distribués pour la première fois qu'en 1901. Le Nobel jouit dès la première année d'une excellente réputation ; il s'affirme presque aussitôt comme l'étalon-or de la recherche scientifique. Cette fascination s'explique par le montant des récompenses (près d'un million d'euros aujourd'hui), et par le fait que le Nobel fut considéré comme la première compétition d'envergure internationale sur un terrain présumé équitable. Les « nobélisés » sont élevés au rang de génies, souvent consultés sur toutes les questions qui agitent le monde.

LES IGNOBLES NOBEL

Chaque année au mois de septembre se tient, à l'université de Harvard, la cérémonie officielle du prix Ig Nobel. Créé en 1991 comme une parodie du célèbre prix suédois (il faut entendre « ignoble » dans le titre), il a pour mission de « récompenser les découvertes qui nous font d'abord rire, et ensuite réfléchir ». La plupart des lauréats sont les auteurs de recherches extravagantes, tantôt purement ridicules, tantôt bien plus importantes qu'elles ne le paraissent. Les créateurs de cette récompense (des journalistes de science américains, qui éditent un magazine satirique intitulé les *Annales de la recherche improbable*) la décrivent comme une façon « de célébrer l'insolite, de rendre hommage à l'inventivité, ainsi que d'attiser l'intérêt du public pour la science, la médecine et la technologie ». À cela il faut ajouter que certains Ig Nobel sont décernés avec une ironie particulièrement féroce, dans l'intention de dénoncer l'incompétence spectaculaire de certains scientifiques ou l'absence de scrupules de certains dirigeants politiques. Voici un florilège des prix constituant ce savoureux palmarès :

1991 – **Littérature** : à Erich von Däniken, conteur visionnaire et auteur des *Chars des dieux*, pour avoir expliqué comment la civilisation humaine a été influencée par d'anciens astronautes extraterrestres.

1991 – **Paix** : à Edward Teller, père de la bombe à hydrogène et apôtre du projet « Guerre des étoiles » (Initiative de défense stratégique), pour avoir consacré sa vie à changer la signification du mot paix.

1992 – **Archéologie** : aux Éclaireurs de France, nettoyeurs de graffitis, pour avoir effacé les peintures rupestres de la grotte de Mayrière supérieure, près du village de Bruniquel.

1993 – **Économie** : à Ravi Batra de l'université méthodiste du Sud, économiste perspicace et auteur des livres à succès *La grande dépression de 1990* et *Survivre à la grande dépression de 1990*, pour en avoir vendu tant d'exemplaires qu'il pourrait, à lui seul, empêcher l'effondrement de l'économie mondiale.

1993 – **Littérature** : à E. Topol, R. Califf, F. Van de Werf, P. W. Armstrong, et leurs 972 coauteurs, pour avoir publié un article de recherche médicale comptant cent fois plus d'auteurs que de pages.

1993 – **Mathématiques** : à Robert Faid de Greenville en Caroline du Sud, prophète éclairé de la statistique, pour avoir calculé les chances exactes (710 609 175 188 282 000 contre 1) que Mikhaïl Gorbatchev soit l'Antéchrist.

1994 – **Médecine** (décerné en deux parties) :
– au patient X, vétéran des marines et victime héroïque d'une morsure venimeuse de son serpent à sonnettes domestique, pour son recours acharné au traitement par électrochocs : à sa propre demande, on a connecté à sa lèvre la bougie d'allumage d'une automobile, puis fait tourner le moteur à 3 000 tr/min pendant cinq minutes.
– au docteur Richard C. Dart et au docteur Richard A. Gustafson, pour leur rapport fort à propos : *La non-efficacité des électrochocs dans le traitement des morsures de serpent à sonnettes.*

1995 – **Nutrition** : à John Martinez de la société J. Martinez & Co basée à Atlanta en Géorgie, pour le café Luwak, le café le plus cher du monde, produit en Asie du Sud à partir de graines de café avalées puis expulsées dans ses selles par le luwak, un cousin de la civette.

1996 – **Biologie** : à Anders Barheim et Hogne Sandvik de l'université de Bergen en Norvège, pour leur étude : *Les effets de la bière, de l'ail et de la crème aigre sur l'appétit des sangsues.*

1996 – **Santé publique** : à Ellen Kleist (Groenland) et Harald Moi (Norvège), pour leur étude dans le domaine médical : *Transmission de la gonorrhée par les poupées gonflables.*

1996 – **Paix** : à Jacques Chirac, président de la République française, pour avoir célébré le cinquantième anniversaire des bombardements de Hiroshima et de Nagasaki en reprenant les essais nucléaires français dans le Pacifique.

1997 – **Météorologie** : à Bernard Vonnegut de l'université d'État de New York à Albany, pour son rapport intitulé : *Le plumage des poulets comme mesure de la vitesse des vents des tornades.*

1998 – **Biologie** : à Peter Fong de l'école technique de Gettysburg en Pennsylvanie, pour avoir contribué au bien-être des palourdes en leur administrant du Prozac.

1999 – **Sociologie** : à Steve Penfold de l'université York à Toronto, pour sa thèse de doctorat sur l'histoire des boutiques de donuts au Canada.

1999 – **Physique** : au docteur Len Fisher pour avoir calculé la meilleure façon de tremper un biscuit dans du lait.

1999 – **Chimie** : à Takeshi Makino, président de l'Agence des inspecteurs de sécurité à Osaka au Japon, pour son implication dans S-Check, un spray que les femmes peuvent appliquer sur les sous-vêtements de leur mari afin de détecter leurs infidélités.

2000 – **Physique** : à Andre Geim de l'université de Nimègue aux Pays-Bas et à Sir Michael Berry de l'université de Bristol au Royaume-Uni, pour avoir fait léviter une grenouille avec des aimants.*

2001 – **Médecine** : à Peter Barss de l'université McGill au Canada, pour son percutant rapport : *Les blessures causées par des chutes de noix de coco.*

2001 – **Physique** : à David Schmidt de l'université du Massachusetts, pour avoir en partie expliqué pourquoi les rideaux de douche se gonflent le plus souvent vers l'intérieur.

2001 – **Astrophysique** : à Jack et Rexella Van Impe, célèbres télévangélistes du Michigan, pour avoir découvert que les trous noirs remplissent toutes les conditions techniques pour abriter l'enfer.

2002 – **Biologie** : à Norma E. Bubier, Charles G. M. Paxton, Phil Bowers, et D. Charles Deeming (Angleterre), pour leur étude intitulée : *Le comportement nuptial des autruches vis-à-vis des humains en contexte agricole en Grande-Bretagne.*

2002 – **Recherche interdisciplinaire** : à Karl Kruszelnicki de l'université de Sydney, pour avoir mené une étude exhaustive sur les poils de nombril (qui en possède, à quel(s) moment(s), de quelle couleur et en quelle quantité).

2003 – **Chimie** : à Yukio Hirose de l'université de Kanazawa au Japon, pour ses recherches sur les propriétés chimiques d'une statue en bronze, située dans la ville de Kanazawa, qui n'attire pas les pigeons.

2003 – **Biologie** : à C. W. Moeliker du musée d'Histoire naturelle de Rotterdam, pour avoir décrit le premier cas scientifiquement observé de nécrophilie homosexuelle chez le canard colvert.

2004 – **Médecine** : à Steven Stack (Michigan) et James Gundlach (Alabama), pour l'étude qu'ils ont publiée : *L'effet de la musique country sur le suicide.*

2004 – **Biologie** : à Ben Wilson et Lawrence Dill (Canada), Robert Batty (Écosse), Magnus Wahlberg (Danemark) et Hakan Westenberg (Suède), pour avoir démontré que les harengs communiquent avec leurs pets.

2005 – **Physique** : à Thomas Parnell (posthume) et John Mainstone de l'université de Queensland en Australie, pour avoir, depuis 1927, patiemment observé du goudron solidifié s'égoutter dans un entonnoir au rythme d'une goutte tous les neuf ans environ. Connus sous le nom d'expérience de la goutte de poix, ces travaux avaient été commencés par Parnell et continués par Mainstone à la mort de ce dernier.

2005 – **Paix** : à Claire Rind et Peter Simmons de l'université de Newcastle, pour avoir étudié l'activité cérébrale d'une sauterelle pendant qu'elle regardait des extraits choisis de *Star Wars*.

2005 – **Chimie** : à Edward Cussler et Brian Gettelfinger de l'université du Minnesota, pour avoir répondu à cette question qui agitait la science depuis longtemps : nage-t-on plus vite dans le sirop ou dans l'eau ?

2006 – **Ornithologie** : à Ivan R. Schwab et Philip R. A. May de l'université de Californie, pour leurs travaux ayant permis de comprendre pourquoi les pics-verts ne sont pas sujets à des maux de tête.

2006 – **Physique** : à Basile Audoly et Sébastien Neukirch de l'université Pierre et Marie Curie (Paris), pour leurs recherches expliquant pourquoi, quand on cherche à les casser en deux, les spaghettis secs se cassent en plus de deux morceaux.

2007 – **Linguistique** : à Juan Manuel Toro, Josep B. Trobalon et Núria Sebastián-Gallés de l'université de Barcelone, pour avoir établi que les rats sont le plus souvent incapables de reconnaître la langue japonaise de la langue néerlandaise dans des discours enregistrés joués à l'envers.

2007 – **Aviation** : à Patricia V. Agostino, Santiago A. Plano et Diego A. Golombek de l'université nationale de Quilmes en Argentine, pour avoir découvert que le Viagra aide les hamsters à se remettre d'un décalage horaire.

2008 – **Biologie** : à Marie-Christine Cadiergues, Christel Joubert et Michel Franc de l'École nationale vétérinaire de Toulouse, pour avoir découvert que les puces vivant sur les chiens sautent plus haut que les puces vivant sur les chats.

2008 – **Médecine** : à Rebecca Waber et Dan Ariely de l'université de Duke, pour avoir démontré qu'un placebo vendu cher était plus efficace qu'un placebo vendu à bas prix.

2009 – **Médecine vétérinaire** : à Catherine Douglas et Peter Rowlinson de l'université de Newcastle, pour avoir montré que les vaches portant un prénom produisent plus de lait que les autres.

2010 – **Biologie** : à Libiao Zhang, Min Tan, Guangjian Zhu, Jianping Ye, Tiyu Hong, Shanyi Zhou, Shuyi Zhang et Gareth Jones de l'université de Bristol, pour avoir scientifiquement décrit la pratique de la fellation chez la chauve-souris.

2011 – **Psychologie** : à Karl Halvor Teigen de l'université d'Oslo, pour avoir tenté de comprendre la raison de nos soupirs dans la vie de tous les jours.

2011 – **Mathématiques** : à Dorothy Martin, Pat Robertson, Elizabeth Clare, Lee Jang Rim, Credonia Mwerinde et Harold Camping, pour avoir prophétisé la fin du monde respectivement en 1954, 1982, 1990, 1992, 1999, 1994 (ce dernier ayant ensuite rectifié sa prédiction pour le 21 octobre 2011). Tous sont récompensés pour avoir rappelé au monde combien il faut être prudent vis-à-vis des conjectures fondées sur des calculs.

2012 - **Psychologie** : à Anita Eerland, Rolf Zwaan et Tulio Guadalupe, pour leur étude montrant que se pencher vers la gauche fait paraître la tour Eiffel plus petite.

2012 – **Anatomie** : à Frans de Waal et Jennifer Pokorny, pour avoir découvert que les chimpanzés peuvent identifier leurs congénères à partir d'une photographie de leur postérieur.

2013 – **Probabilités** : à Bert Tolkamp, Marie Haskell, Fritha Langford, David Roberts et Colin Morgan (Royaume-Uni), pour leurs deux découvertes imbriquées : ils ont d'abord montré que plus une vache reste couchée, plus la probabilité qu'elle se relève augmente ; ensuite que lorsqu'une vache est debout, il n'est pas facile de prédire le moment où elle se recouchera.

2014 – **Physique** : à Kiyoshi Mabuchi, Kensei Tanaka, Daichi Uchijima et Rina Sakai (Japon), pour avoir mesuré la quantité de frottements entre une chaussure et une peau de banane, et entre une peau de banane et le sol, quand une personne glisse sur une peau de banane.

2014 – **Psychologie** : à Peter K. Jonason, Amy Jones et Minna Lyons, pour avoir démontré que les gens qui se lèvent tard sont en moyenne plus narcissiques, plus manipulateurs et plus psychopathes que ceux qui se lèvent tôt.

2015 – **Chimie** : à Callum Orlando et Colin Rason (Australie) pour l'invention d'une méthode permettant de dé-cuire partiellement des œufs.

2015 – **Biologie** : à Bruno Grossi, Omar Larach, Mauricio Canals, Rodrigo A. Vásquez et José Iriarte-Díaz, pour avoir montré que la démarche des dinosaures était probablement similaire à celle d'un poulet à l'arrière-train duquel on a attaché un bâton lesté.

2015 – **Diagnostic médical** : à Diallah Karim, Anthony Harnden, Nigel D'Souza, Andrew Huang, Abdel Kader Allouni, Helen Ashdown, Richard J. Stevens et Simon Kreckler, pour avoir déterminé qu'on pouvait diagnostiquer de façon fiable l'appendicite en fonction de la douleur qu'un patient manifeste quand il franchit des ralentisseurs en voiture.

* Andre Geim a reçu en 2010 le prix Nobel de physique pour ses travaux sur le graphène. À ce jour c'est le seul lauréat des Ig Nobel a avoir également reçu un authentique prix Nobel.

TERMINOLOGIE DU VOYAGEUR SPATIAL

Le terme le plus ancien est astronaute : c'est d'abord le nom duquel un écrivain anglais de science-fiction, Percy Greg, baptise un vaisseau spatial dans un de ses romans (1880). Le mot essaime ensuite dans la plupart des langues européennes ; il est attesté en français à partir de 1928. La NASA décide de l'employer dès 1958 alors qu'elle recrute les premiers candidats au voyage spatial. En contexte de guerre froide, il est capital pour les Soviétiques de se démarquer de leurs adversaires, si bien que Youri Gagarine, le premier homme à être envoyé dans l'espace, ne sera pas un astronaute, mais un cosmonaute. La presse comme les institutions scientifiques des deux blocs ennemis se crispèrent autour de cette distinction terminologique, qui perdura. Certains linguistes, en dehors de toute considération politique, voulurent y voir une nuance utile : le cosmonaute serait celui qui parvient à quitter l'atmosphère terrestre sans aller jusqu'à atteindre un astre. Par effet d'entraînement, on a inventé des termes propres à d'autres nations, sans grand souci de cohérence ni d'exhaustivité. Aujourd'hui, beaucoup de linguistes considèrent que cette variété des termes est une surcharge fantaisiste et inutile. En tout cas, voyageur de l'espace est bien le seul métier dont le nom peut varier en fonction de la nationalité de celui qui l'exerce.

À toutes fins folkloriques, voici les différentes façons de le désigner :

Nom du voyageur spatial	Nationalité	Étymologie
Astronaute	Américaine	Du grec *astron* (étoile) et *nautes* (navigateur).
Cosmonaute	Soviétique/russe	Du grec *kosmos* (univers).
Spationaute	Française	Du latin *spatium* (l'espace). Le terme a été proposé en 1976 par l'Académie, en réalité non pas pour distinguer les astronautes français, mais en vue de créer un terme générique qui transcenderait les querelles internationales.
Taïkonaute	Chinoise	Du chinois *taikong* (espace).

Vyomanaute	Indienne	Du sanskrit *vyoma* (ciel). Terme forgé par l'Organisation indienne pour la recherche spatiale afin de désigner les hommes qu'elle espère envoyer dans l'espace d'ici 2021.

FOURMIS ESCLAVAGISTES

On retrouve des comportements esclavagistes dénués de tout sens moral, chez certaines fourmis « amazones » comme *Polyergus rufescens*, présentes sous tous nos climats. Cette espèce est incapable de se nourrir seule, ses ouvrières se sont spécialisées dans le métier de chasseur d'esclaves. Régulièrement elles organisent des raids de pillage dans des fourmilières cibles de l'espèce *Formica fusca*, pouvant déployer jusqu'à 3 000 soldats sur le terrain. Pendant que certaines amazones utilisent leurs mandibules effilées et courbées comme des sabres pour transpercer le corps de leurs opposantes, d'autres les emploient à extraire les œufs et à les transporter jusqu'à la colonie. Les jeunes ouvrières *Fusca* ne s'apercevront pas d'être nées au mauvais endroit et dérouleront normalement leur programme comportemental, en soignant les œufs de la reine comme si elle était de leur propre espèce et en sortant chercher de la nourriture. La vie de ces esclaves n'étant pas éternelle, il faudra bientôt effectuer une nouvelle razzia pour renouveler la main-d'œuvre.

En 2013, une nouvelle espèce esclavagiste a été découverte aux États-Unis : la *Themnotorax pilagens*. À la différence des fourmis amazones, elle effectue ses raids en privilégiant la furtivité et l'économie des moyens, ce qui lui a valu le surnom officieux de « fourmi ninja ». Plutôt que de provoquer un combat massif, elles s'introduisent chez l'ennemi par escouades de quatre en libérant des substances chimiques qui les empêchent d'être repérées. À la barbe de la colonie, elles enlèvent des larves voire des adultes qu'elles feront travailler pour leur compte. Si l'une d'elles est démasquée, elle utilise son dard à la précision redoutable pour abattre son ennemi d'une seule piqûre : un bataillon de quelques fourmis ninjas est parfois capable de décimer une colonie tout entière.

Type	Espèce	Nom vernaculaire	Répartition géographique	Population estimée	Menaces
Plante	*Dendrophylax fawcettii*	Orchidée des îles Caïmans	Ironwood Forest, George Town, île de Grand Cayman	Inconnue	• développement des infrastructures humaines
Mammifère	*Dicerorhinus sumatrensis*	Rhinocéros de Sumatra	Sabah, Sarawak et Malaisie péninsulaire ; Kalimantan et Sumatra, Indonésie	< 250	• chasse (sa corne est utilisée en médecine traditionnelle)
Oiseau	*Diomedea amsterdamensis*	Albatros d'Amsterdam	Nidifie sur le plateau des Tourbières, île Amsterdam, océan Indien	100 individus adultes	• maladie • chasse accidentelle lors de la pêche à la palangre
Plante	*Dioscorea strydomiana*		Région d'Oshoek, Mpumalanga, Afrique du Sud	200	• utilisation à des fins médicales
Plante (arbre)	*Diospyros katendei*		Réserve forestière de Kasyoha-Kitomi, Ouganda	20 individus constituant une unique population	• agriculture • arbres abattus illégalement • prospection d'or alluviale • taille réduite de la population
Plante (arbre)	*Dipterocarpus lamellatus*		Réserve forestière de Siangau, Sabah, Malaisie	12 individus	• déforestation des forêts basses • création de plantations industrielles

Amphi-bien	*Discoglossus nigriventer*	Discoglosse d'Israël	Vallée de la Houla, Israël	Inconnue	• prédation par les oiseaux • réduction du périmètre de répartition par destruction de l'habitat
Plante	*Dombeya mauritania*		Île Maurice	Inconnue	• envahissement de l'habitat par des plantes invasives • culture du cannabis
Plante (arbre)	*Elaeocarpus bojeri*		Grand Bassin, île Maurice	< 10 individus	• dégradation de l'habitat
Amphi-bien	*Eleuthero-dactylus glandulifer*		Massif de la Hotte, Haïti	Inconnue	• production de charbon • agriculture sur brûlis
Amphi-bien	*Eleuthero-dactylus thorcetes*		Pics de Formon et de Macaya, massif de la Hotte, Haïti	Inconnue	• production de charbon • agriculture sur brûlis
Plante	*Eriosyce chilensis*	Chilenito (cactus)	Pta Molles et Pichidungui, Chili	< 500 individus	• cueillette
Plante (arbre)	*Erythrina schliebenii*	Arbre corail	Forêt de Namatimbili-Ngarama, Tanzanie	< 50 individus	• vulnérabilité due à un habitat limité et à une faible croissance de la population

Plante (arbre)	*Euphorbia tanaensis*		Réserve forestière de Witu, Kenya	4 individus adultes	• déforestation illégale • développement de l'agriculture • construction d'infrastructures
Oiseau	*Eurynorhyncus pygmeus*	Bécasseau spatule	Nidifie en Russie, migre dans le couloir est-asiatique et australasien vers le Bangladesh et le Myanmar	100 couples	• chasse au piège • exploitation humaine de l'habitat
Plante	*Ficus katendei*		Réserve forestière de Kasyoha-Kitomi, fleuve Ishasha, Ouganda	< 50 individus adultes	• agriculture • déforestation illégale • prospection d'or alluviale
Oiseau	*Foudia rubra*	Foudi de Maurice	Île Maurice	< 250 individus	• introduction de prédateurs • faible population • manque de nourriture

LA LOI DE MOORE

En 1965, Gordon Moore, cofondateur de la société Intel, publiait dans la revue *Electronics Magazine* une « loi » qui allait devenir une référence absolue pour toute l'industrie informatique. C'est à partir d'elle que, depuis cinquante ans, on fabrique des ordinateurs toujours plus petits, toujours plus puissants et de moins en moins coûteux. La loi de Moore n'est pas une théorie scientifique mais une série d'observations et de prédictions. Pour l'essentiel, Moore prédisait que le nombre de transistors embarqués dans les puces électroniques allait doubler tous les deux ans, multipliant ainsi par deux la performance des ordinateurs. À mesure que la densité des transistors double, la taille des puces se réduit et, par là même, c'est le coût des processeurs qui diminue. Respectée depuis des décennies, la loi de Moore est pourtant sur le point de heurter un mur infranchissable. Les puces sont désormais gravées avec une finesse telle qu'il ne sera bientôt plus possible d'aller plus loin. Premièrement car cela n'aura plus de sens sur le plan physique, et ensuite car la production de puces de plus en plus petites finira par revenir trop cher et ne sera donc plus un facteur d'économies. En 2016, les ordinateurs de pointe s'équipent de matrices gravées avec une finesse de 14 nanomètres. En 2020, la gravure d'une précision de 7 nanomètres pourrait être la dernière miniaturisation avant l'émergence de technologies radicalement différentes : celles fondées sur la mécanique quantique. La forme que les nouvelles architectures pourraient prendre alors est encore mal discernée. Ce qui est certain c'est qu'elles ne mettront plus l'accent sur la puissance, mais plutôt sur l'efficacité énergétique. Les puces continueront à progresser en termes de performance, mais de façon moins soutenue qu'aujourd'hui.

QUAND 2 SECONDES SE SERONT ÉCOULÉES...

3,3 kg de dentifrice auront été gaspillés dans le monde. En effet, 4 % du dentifrice en moyenne resterait dans le tube et serait jeté sans avoir servi à personne.

LA MER MORTE

La mer Morte est un lac salé qu'Israël partage avec la Jordanie et la Palestine. Il est alimenté par le fleuve Jourdain, sa seule source d'eau douce. La mer Morte doit son nom au fait qu'aucune espèce macroscopique (poisson ou algue) ne peut s'y développer. La particularité de la mer Morte est son taux de sel. La salinité de l'eau de mer oscille ordinairement entre 2 et 4 %. La mer Morte contient quant à elle 275 g de sel par litre d'eau, soit une salinité moyenne de 27,5 %. Elle est d'ailleurs si salée que seuls quelques micro-organismes comme du plancton ou des bactéries réussissent à y vivre.

La mer Morte aurait perdu un tiers de sa superficie ces 50 dernières années. Elle s'évapore et perd 300 millions de m³ d'eau par an. La principale raison de cette évaporation est la surexploitation du fleuve Jourdain, utilisé pour l'irrigation.

EXCÈS DE SEL

L'OMS a montré depuis longtemps qu'un excès chronique de sel augmentait les risques d'hypertension artérielle, de maladies cardio-vasculaires et de complications rénales. En France, l'excès de sel est responsable de 100 morts par jour soit plus de 35 000 par an. Le professeur anglais Graham MacGregor affirme qu'une réduction de moitié des apports en sel éviterait chaque année environ 2,5 millions de décès dans le monde. Selon l'AFSSA (l'Agence française de sécurité sanitaire des aliments), 4 grammes de sel sont suffisants pour combler les besoins quotidiens d'un adulte. Pourtant les Pays-Bas recommandent 9 grammes par jour, et le Japon 10. Toujours est-il que cette consommation est difficile à contrôler car elle dépend beaucoup du sel « caché » dans les aliments transformés, que ce soit le pain, la charcuterie, ou même les gâteaux. 80 % du sel que nous consommons est préincorporé dans les aliments par l'industrie agroalimentaire.

LES SPORTIFS SONT-ILS DE PLUS EN PLUS PERFORMANTS ?

Les statisticiens du sport observent un tassement des meilleures performances et prédisent que les records seront moins nombreux à tomber à l'avenir. Voici les dix records sportifs les plus vieux à n'avoir toujours pas été battus et qui, peut-être, ne le seront jamais :

400 mètres : 43 s 18	**Michael Johnson (britannique)**	1999
Triple saut : 18,29 m	**Jonathan Edwards (britannique)**	1995
Saut en hauteur : 2,45 m	**Javier Sotomayor (cubain)**	1993
400 mètres haies : 46 s 78	**Kevin Young (américain)**	1992
Saut en longueur : 8,95 m	**Mike Powell (américain)**	1991

100 mètres féminin : 10 s 49 200 mètres féminin : 21 s 34	**Florence Griffith-Joyner (américaine)**	1988
Saut en hauteur féminin : 2,09 m	**Stefka Kostadinova (bulgare)**	1986
Lancer de marteau : 86,74 m	**Yuriy Sedykh (ukrainien)**	1986
400 mètres féminin : 47 s 60	**Marita Koch (allemande)**	1985
800 mètres féminin : 1 min 53 s 28	**Jarmila Kratochvílová (tchèque)**	1983

MATCH BACTÉRIES/CELLULES

Au début de l'année 2016, un mythe scientifique s'est effondré. Depuis les années 1970, on pouvait lire un peu partout dans la littérature que le corps compterait dix fois plus de bactéries que de cellules humaines.

Des chercheurs israéliens ont établi un nouveau comptage qui estime maintenant que ce ratio bactéries/cellules serait plus proche de 1,3/1 soit 40 000 milliards de bactéries pour 30 000 milliards de cellules.

En d'autres termes, nous posséderions sensiblement le même nombre de bactéries que de cellules dans notre corps.

NOUVELLES STARS 3/5
espèces nommées d'après des célébrités

Goethe et Shakespeare	*Goetheana shakespearei*	Guêpe	
Mikhaïl Gorbatchev	*Maxillaria gorbatchowii*	Scarabée	
Al Gore	*Liturgusa algorei*	Mante religieuse	Nommée pour rendre hommage à l'action d'Al Gore en faveur de l'environnement.
Charles Gounod	*Gounodia*	Guêpe	
Grateful Dead	*Dicrotendipes thanatogratus*	Mouche	*Thanatos* veut dire « mort » en grec et *gratus*, « reconnaissant » (*grateful*) en latin.

Matt Groening (le créateur des *Simpson*)	*Albunea groeningi*	Crustacé (crabe)	
Hugo Grotius	*Grotiusomyia*	Guêpe	
Jules Grévy	*Equus grevyi*	Zèbre	
Che Guevara	*Cheguevaria*	Scarabée	
Nina Hagen	*Heteropoda ninahagen*	Araignée	
Hannibal	*Hannibalia*	Thrip (« bête d'orage »)	
Laurel et Hardy	*Baeturia laureli* et *Baeturia hardyi*	Cigales	
Hugh Hefner	*Sylvilagus palustris hefneri*	Lapin	
Adolf Hitler	*Anophthalmus hitleri*	Scarabée	Ce scarabée rare vivant dans quelques grottes de Slovénie a été découvert en 1933 par l'Allemand Oscar Scheibel, entomologiste amateur et admira-teur du régime nazi. Il est aujourd'hui menacé d'extinc-tion, étant traqué par des militants néonazis qui y voient une mascotte de collection.
Adolf Hitler et Hermann Röchling	*Rochlingia hitleri*	Insecte éteint	Insecte fossile baptisé en 1934 pour honorer le Führer et l'indus-triel nazi.
Homère	*Homeryon*	Crustacé	

L'EFFET PREMIÈRE NUIT

Dans une étude publiée en avril 2016 dans la revue *Current Biology*, des chercheurs expliquent pourquoi on dort si souvent mal dans un lit qui n'est pas le nôtre la première nuit. Ils ont pour cela étudié le cerveau endormi en utilisant des techniques de neuro-imagerie. Leurs observations au cours de la première nuit ont clairement montré une activité asymétrique des deux hémisphères du cerveau : le côté gauche reste vigilant en réagissant à des stimuli externes comme les sons, ce qui n'est pas le cas du côté droit. Bonne nouvelle : cette asymétrie ne persiste pas à partir de la deuxième nuit.

INTELLIGENCE ARTIFICIELLE

En mars 2016 le Sud-Coréen Lee Sedol, légende vivante dans le monde du jeu de go, s'est incliné à une manche contre quatre face à un ordinateur. Après la victoire aux échecs du programme Deep Blue d'IBM sur Kasparov en 1996, et celle de Watson (d'IBM aussi) au jeu télévisé *Jeopardy!* en 2011, les joueurs de go faisaient encore figure d'irréductibles contre la puissance des intelligences artificielles. Ce jeu ancestral originaire de Chine, qui repose sur un nombre immense de configurations possibles (10^{170}, soit 10^{100} fois plus que les échecs), nécessite en effet beaucoup d'intuition et de créativité. C'est pour cette raison que la performance d'AlphaGo, le programme mis au point par DeepMind, filiale du groupe Google, a tant ému le public : qu'un ordinateur aux processeurs de plus en plus nombreux et rapides l'emporte sur un humain à un jeu fondé sur le calcul était attendu, mais il est remarquable qu'une intelligence programmée parvienne à faire preuve d'inventivité et d'originalité, facultés que l'on pensait nous être réservées. AlphaGo appartient aux dernières générations d'intelligences artificielles, capables d'« apprentissage ». Elles possèdent un réseau de neurones, dont la conception est très schématiquement inspirée des neurones biologiques, qui leur permet d'apprendre des situations auxquelles elles sont confrontées et d'élaborer des stratégies d'adaptation. Et cela, contrairement à l'homme, sans jamais se fatiguer ou se laisser impressionner.

Les progrès en matière d'intelligence artificielle suscitent inévitablement des fantasmes de science-fiction. Les robots sont-ils pour autant sur le point de dépasser les humains et de s'émanciper ? On a tendance à prêter de façon hâtive une âme à des machines certes très élaborées, mais qui ne sont jamais que des assemblages de puces en silicium. L'expression « *intelligence* artificielle » est elle-même une projection anthropomorphique. On dit du programme AlphaGo qu'« il a gagné », alors que ceux qui ont gagné sont en fait les hommes qui ont écrit l'algorithme. Afin d'éviter ce genre de confusion, certains pensent qu'il est important de ne pas donner une apparence trop humaine aux robots, voire de les rendre volontairement laids, pour qu'ils ne suscitent pas une sympathie déplacée de notre part. Des philosophes mettent d'ailleurs en garde contre l'utilisation que nous en ferons dans le futur : de même que les téléphones portables nous ont rendus très peu tolérants à l'attente, des robots humanoïdes programmés pour accomplir docilement tous nos besoins en étant toujours d'accord avec nous pourraient appauvrir l'idée que nous nous faisons d'une relation sociale réussie. Certains philosophes transhumanistes, plus « enthousiastes », se préparent déjà de leur côté à abdiquer une partie de leur liberté face aux intelligences artificielles, à qui ils veulent accorder des droits. De même que dans des temps obscurs, on pensait que les femmes ou les Noirs n'avaient pas d'âme, notre refus de considérer la valeur des robots pourrait un jour relever d'un racisme envers l'intelligence siliconée... Cela peut surprendre, mais il s'agit d'une réflexion de fond sur la nature même de la conscience et de la vie. En attendant, les scientifiques assurent que les intelligences artificielles dites fortes et autonomes n'apparaîtront pas avant au moins un siècle. Ce qui doit retenir notre vigilance, c'est plutôt toutes ces petites IA qui prennent de plus en plus de place dans notre quotidien, comme les programmes de *data mining* ou les voitures qui se conduisent seules. On estime que d'ici 2030, il n'y aura quasiment plus aucun conducteur humain aux États-Unis.

INTELLIGENCES NATURELLES : LES FEMMES NOBEL

Une étude édifiante menée par la Fondation L'Oréal en 2015 recense que, pour 67 % des Européens, les femmes n'auraient pas les capacités requises pour la science de haut niveau. Les femmes n'étant d'ailleurs pas moins sexistes que les hommes quand elles apprécient les aptitudes et les carences de leur sexe. Voici, en guise d'élément de contradiction, la liste des femmes nobélisées dans les disciplines scientifiques, soit quelques-unes des plus brillantes figures de la science universelle :

PRIX NOBEL DE PHYSIQUE

1903	**Marie Curie** (partagé avec Pierre Curie et Henri Becquerel)	Franco-polonaise	« En reconnaissance de leurs services rendus, par leur recherche commune sur le phénomène des radiations découvert par le professeur Henri Becquerel. »
1963	**Maria Goeppert-Mayer** (partagé avec J. Hans D. Jensen)	Américaine	« Pour leurs découvertes à propos de la structure en couches du noyau atomique. »

PRIX NOBEL DE CHIMIE

1911	**Marie Curie**	Franco-polonaise	« En reconnaissance des services pour l'avancement de la chimie par la découverte de nouveaux éléments : le radium et le polonium, par l'étude de leur nature et de leurs composés. »
1935	**Irène Joliot-Curie** (partagé avec Frédéric Joliot-Curie)	Française	« En reconnaissance de leur synthèse de nouveaux éléments radioactifs. »
1964	**Dorothy Crowfoot Hodgkin**	Britannique	« Pour la détermination par les techniques des rayons X de la structure d'importantes substances biologiques. »
2009	**Ada Yonath** (partagé avec V. Ramakrishnan et T. Seitz)	Israélienne	« Pour leurs études de la structure et de la fonction du ribosome. »

PRIX NOBEL DE PHYSIOLOGIE OU MÉDECINE

1947	**Gerty Theresa Cori** (partagé avec Carl Ferdinand Cori)	Américaine	« Pour leur découverte du processus de conversion catalytique du glycogène. »
1977	**Rosalyn Yalow**	Américaine	« Pour le développement des dosages radio-immunologiques des hormones peptidiques. »

1983	**Barbara McClintock**	Américaine	« Pour sa découverte des éléments génétiques mobiles. »
1986	**Rita Levi-Montalcini** (partagé avec Stanley Cohen)	Italienne	« Pour leur découverte des facteurs de croissance. »
1988	**Gertrude Elion** (partagé avec J. Black et G. Hitchings)	Américaine	« Pour leur découverte des principes importants des traitements médicamenteux. »
1995	**Christiane Nüsslein-Volhard** (partagé avec E. B. Lewis et E. F. Wieschaus)	Allemande	« Pour leur découverte concernant le contrôle génétique des phases précoces du développement embryonnaire. »
2004	**Linda Brown Buck** (partagé avec Richard Axel)	Américaine	« Pour leurs travaux sur le système olfactif et les récepteurs olfactifs. »
2008	**Françoise Barré-Sinoussi** (partagé avec Luc Montagnier)	Française	« Pour leur découverte du virus de l'immunodéficience humaine. »
2009	**Elizabeth Blackburn et Carol Greider** (partagé avec Jack Szostak)	Australienne et Américaine	« Pour leur découverte des mécanismes de protection des chromosomes par les télomères et les télomérases. »
2014	**May-Britt Moser** (partagé avec John O'Keefe et E. Moser)	Norvégienne	« Pour leurs découvertes de cellules qui permettent au cerveau de se positionner dans l'espace. »

PRIX NOBEL D'ÉCONOMIE

2009	**Elinor Ostrom** (partagé avec Oliver Williamson)	Américaine	« Pour leur analyse de la gouvernance économique, et en particulier, des biens communs. »

PANDO,
LE PLUS VIEIL ORGANISME VIVANT

Sur le flanc des collines qui bordent le Fish Lake, à l'ouest de l'Utah aux États-Unis, s'étire une immense colonie de peupliers faux-trembles constituée de 47 000 arbres identiques, tous reliés à un même système de racines. Prises séparément, les pousses qui composent la colonie ont une espérance de vie d'environ 130 ans, mais le système lui-même ne cesse de se régénérer par clonage. Pando (en latin « je m'étends ») est le nom donné à cette communauté végétale, dont on estime l'âge à 80 000 ans, ce qui en ferait l'organisme le plus ancien connu sur terre.

LES PLAQUES DE PIONEER

Au début de l'année 1972, un journaliste américain suggéra l'idée d'insérer une forme de message dans les sondes Pioneer, qui s'apprêtaient à être les premiers objets humains à quitter le système solaire. L'astronome Carl Sagan fut séduit par ce projet et proposa à la NASA de leur attacher une plaque, à l'intention d'une (très) éventuelle rencontre extra-terrestre. Il fut chargé avec un autre astronome, Frank Drake, d'improviser en quelques mois ce dessin, qui s'envola vers d'autres cieux à bord des sondes Pioneer 10 (1972) et 11 (1973).

Matière : aluminium et or	Hauteur : 152 mm
Largeur : 229 mm	Épaisseur : 1,27 mm

Tout en haut à gauche, l'atome d'hydrogène (l'élément le plus répandu dans l'univers) est représenté dans deux états d'énergie. En passant de l'un à l'autre, il émet un photon de longueur d'onde 21 cm ; c'est cette mesure qui sert d'unité de base pour tout le schéma.

Le chiffre 8 (exprimé en binaire) à droite de la femme donne ainsi sa taille : 8 × 21 cm = 1,68 m. À côté d'elle, l'homme lève la main dans un signe universel de bienveillance.
Les pulsars sont des objets astronomiques censés permettre à ceux qui découvriraient cette bouteille à la mer interstellaire de localiser notre système solaire dans la galaxie.

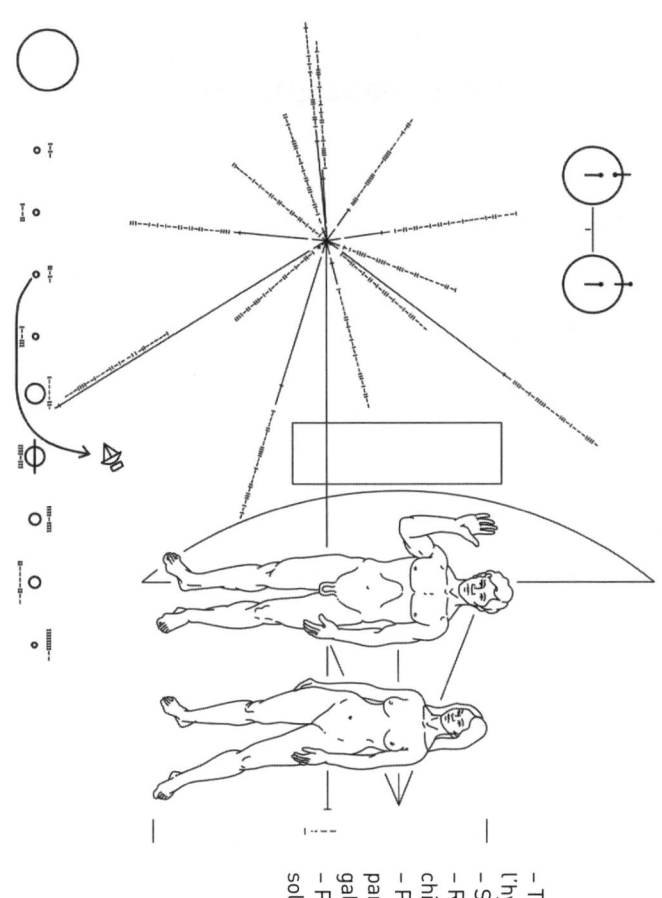

– Transition hyperfine de
l'hydrogène neutre
– Silhouette de la sonde
– Représentation binaire du
chiffre 8
– Position relative du Soleil
par rapport au centre de la
galaxie et à 14 pulsars
– Planètes du système
solaire

UN HOMME HORS DU TEMPS

Le début des années 1960 est une époque où, en pleine guerre froide, on envisage la nécessité de vivre pendant de longues périodes dans des abris anti-atomiques souterrains. Les premiers sous-marins nucléaires inaugurent également de longues croisières en eaux profondes tel le *Nautilus* qui passe au pôle Nord, sous la calotte glaciaire. Gagarine puis John Glenn de leur côté ont voyagé en orbite et on pense déjà aux vols spatiaux de longue durée. Enfin, les vols transatlantiques se banalisent et le décalage horaire devient un problème fréquent. Ainsi le 17 juillet 1962, le jeune et téméraire spéléologue Michel Siffre est prêt à payer de sa personne pour l'expérience la plus importante jamais réalisée sur les rythmes biologiques humains. Âgé de 23 ans, il descend à plus de 100 mètres à l'intérieur du gouffre de Scarasson, dans un glacier des Alpes ligures, où il restera claustré pendant deux mois. Dans sa grotte, où règne une obscurité complète et où le thermomètre ne monte pas au-dessus des trois degrés, il n'a pas emporté de montre : il veut perdre la notion du temps.

Par téléphone, Michel Siffre donne à la surface des informations sur le début et la fin de chacun de ses cycles de sommeil, à chaque lever et à chaque coucher. Il note également son pouls. L'objectif est d'analyser la manière dont l'horloge interne du corps agit sur l'organisme en dehors des cycles réglés par l'alternance du jour et de la nuit. Très vite il perd ses forces et quand il remonte à la surface le 14 septembre, il est épuisé par le froid et l'isolement. Il pense que la date est celle du 20 août. Certaines de ses périodes de sommeil n'étaient pas de simples siestes comme il le croyait, mais de véritables nuits ; ainsi avait-il perdu peu à peu le décompte des jours. Il est acclamé en héros et son expérience a permis au moins deux découvertes majeures : le rythme veille-sommeil de l'homme est stable et il se maintient spontanément en une périodicité de vingt-quatre heures trente, soit un peu plus qu'une journée de l'horloge. Le spéléologue a donc vu ses habitudes se décaler peu à peu, si bien qu'à la fin de son cloisonnement il prenait son petit-déjeuner vers dix-neuf heures et se couchait en fin de matinée. Trente-sept ans après son premier séjour en isolement, Michel Siffre a réalisé sa dernière expérience « hors du temps » dans la grotte de Clamouse, près de Montpellier. Il a passé le réveillon de l'an 2000 seul sous la terre, sans repère temporel, et est ressorti deux mois et demi plus tard. Il voulait étudier l'évolution de ses rythmes biologiques avec l'âge.

EN ATTENDANT LE *BIG ONE*

La Californie est traversée dans sa longueur par la faille de San Andreas. C'est une faille géologique en décrochement, qui correspond à la jonction des plaques tectoniques du Pacifique et de l'Amérique. Elle s'étire sur environ 1 300 kilomètres de long et s'ouvre sur une largeur moyenne de quelques kilomètres. Les villes de San Francisco et Los Angeles sont situées tout près. Les tremblements de terre qu'elle provoque sont fréquents et d'une intensité redoutable, ce qui en fait la faille la plus attentivement scrutée par les sismologues. Ils espèrent ainsi déduire le moment où surviendra le *Big One*, séisme dévastateur dont on estime qu'il se reproduirait tous les cent ans environ. Le dernier, qui date de 1906, a mis San Francisco à feu et tué plus de 3 000 personnes. Il y aurait 62 % de chances qu'un événement de ce genre survienne d'ici 2032. La Californie se prépare donc au prochain *Big One*, source inépuisable d'anticipation catastrophiste pour les films américains.

PRINCIPAUX SÉISMES DE LA FAILLE DE SAN ANDREAS

Ville	Date	Magnitude	Dégâts humains et matériels
Comté d'Orange	28 juillet 1769	6	
San Diego	22 novembre 1800	6,5	
San Francisco	21 juin 1808	6	
Fort Tejon	9 janvier 1857	8,3	2 morts
Monts Santa Cruz	8 octobre 1865	6,5	
Hayward	21 octobre 1868		
San Francisco	18 avril 1906	7,8	3 000 morts, 500 millions de dollars de dégâts
Santa Barbara	29 juin 1925	6,3	14 morts, 6,5 millions de dollars de dégâts
	4 novembre 1927	7,3	
Long Beach	11 mars 1933	6,3	115 morts, 100 blessés, 50 millions de dollars de dégâts
Comté de Kern	21 juillet 1952	7,7	14 morts, 18 blessés, 50 millions de dollars de dégâts
San Francisco	22 mars 1957	5,3	40 blessés

San Fernando	9 février 1971	6,6	65 morts
Loma Prieta (San Francisco)	17 octobre 1989	7,1	63 morts, 3 757 blessés, 6 milliards de dollars de dégâts
Parkfield	28 septembre 2004	6,0	La rupture de ce segment était prévue et attendue depuis plus d'une décennie, très peu de dommages en raison de la faible densité des installations humaines dans ce secteur.
Los Angeles	29 juillet 2008	5,5	Peu de dommages
	16 mars 2010	4,4	Pas de dommages
Mexicali	4 avril 2010	7,2	2 morts, une centaine de blessés
Los Angeles	17 mars 2014	4,4	Pas de dommages
Napa	24 août 2014	6,0	120 blessés

ANIMAUX BIPÈDES

La bipédie est souvent prise comme le point de départ de l'humanité : quand les grands singes sont descendus de leurs arbres et ont commencé à marcher sur sol, ils devinrent des hommes. Depuis l'Antiquité, les philosophes ont spéculé sur cette spécificité de l'homme, seul mammifère à tenir sa tête près du ciel, monde des idées ou royaume de Dieu, loin de la matérialité de la terre. Le paléoanthropologue Pascal Picq a démontré que c'était moins la bipédie qui faisait l'homme, que l'homme qui avait fait et adopté sa bipédie. La marche sur deux pieds existait bien avant nous et se retrouve toujours chez certains animaux :

Dinosaures
Ils furent les plus redoutables et les plus diversifiés de tous les animaux bipèdes. Les dinosaures se mouvant sur deux pattes étaient les prédateurs, tandis que les herbivores se contentaient de reposer lourdement sur leurs quatre pattes. Parmi ces féroces bipèdes : les tyrannosaures, les allosaures, les vélociraptors... qui forment le groupe des théropodes. Son plus grand représentant connu est le spinosaure, avec ses 15 mètres de long et ses 11 tonnes.

Oiseaux

Avec les théropodes, dont ils descendent, et exception faite des humains, ce sont les seuls animaux à pratiquer *systématiquement* la bipédie pour se mouvoir sur terre. Comme les dinosaures prédateurs, ils maintiennent l'équilibre de leur corps en s'allongeant selon un axe horizontal lorsqu'ils courent sur une longue distance. Seuls les manchots et les pingouins ont l'axe du corps à la verticale, ce qui est cohérent avec la lourdeur de leur marche. Les oiseaux se dressent en revanche haut sur leurs deux pattes dans le cadre des parades nuptiales.

Reptiles

Certains lézards, notamment le dragon d'Australie (qui peut déployer son impressionnante collerette), chargent leur adversaire en se redressant sur leurs pattes arrière.

Mammifères

Les mammifères terrestres ont un corps qui les oblige à la quadrupédie. Toutefois on rencontre des attitudes bipèdes, maintenues avec plus ou moins de virtuosité, chez de nombreuses espèces :

– **Singes :** Les singes de l'ancien monde (Afrique, Asie, Europe) sont tous des quadrupèdes. Il en va autrement des grands singes, nos plus proches cousins (chimpanzés, bonobos, gorilles, orangs-outans et gibbons), qui peuvent parfaitement déambuler debout en fonction du terrain, des interactions sociales ou simplement de leurs envies.

– **Marsupiaux :** Les kangourous et les wallabies pourraient être des bipèdes terrestres : en réalité ils ne *marchent* pas sur leurs grands pieds, mais sautent.

– **Rongeurs :** De nombreuses espèces adoptent une position verticale pour scruter aux alentours, comme les suricates et les marmottes. Mais il ne s'agit pas d'un moyen de locomotion.

– **Ongulés :** Certaines espèces sauvages se dressent sur leurs pattes arrière pour atteindre des feuilles et des fruits situés en hauteur, comme l'antilope. Le cou démesuré de la girafe est une autre réponse de l'évolution à ce souci de gourmandise.

Marcher sur deux pattes : Quelques quadrupèdes en sont capables avec une belle prise d'élan, mais ils ne peuvent pas rester longtemps dans cette posture inconfortable. Les chiens, les otaries et même les éléphants sont autant d'animaux qui ont subi le dressage des hommes pour l'amusement du public des cirques. L'ours fait figure d'exception :

il peut aisément se mettre debout et marcher si on l'y incite. Il partage avec les singes cette particularité d'avoir son centre de gravité situé au niveau de l'arrière-train et non au niveau du garrot comme tous les autres mammifères. L'ours sera maltraité pour cela au Moyen Âge.

QUAND 2 SECONDES SE SERONT ÉCOULÉES...

Le glacier Pine Island en Antarctique aura perdu 5072 mètres cubes d'eau. C'est un des principaux glaciers du pôle Sud, qui fond à vue d'œil.

LA CHAUVE-SOURIS

La chauve-souris est le seul mammifère capable de voler. Il existe bien des écureuils dits « volants », mais ceux-ci se contentent de planer sur la membrane qui relie leurs membres antérieurs et postérieurs. Le vol de la chauve-souris est intéressant à plus d'un titre. Elle se déplace grâce à l'écholocation, dont le principe est similaire à celui du sonar. C'est en 1791 que Lazzaro Spallanzani a démontré que même aveuglée, la chauve-souris pouvait encore se déplacer efficacement alors que rendue sourde, elle n'en était plus capable. La plupart des chauves-souris émettent des ultrasons par la gueule ou par le nez – celui-ci a alors une forme adaptée – en faisant vibrer leurs cordes vocales. Les sons émis sont propres à l'espèce de la chauve-souris, même s'ils peuvent être entendus par des individus d'une autre espèce. L'écho qui résulte des ultrasons permet à ce petit mammifère de localiser les objets et d'en déterminer la taille et le mouvement avec une précision extraordinaire. Attraper au filet une chauve-souris est difficile dans la mesure où elle détecte un fil de 0,1 millimètre de diamètre à 10 mètres de distance ! Certaines chauves-souris sont même capables d'adapter leur sonar en fonction de leur environnement : ainsi ne poseront-elles pas les mêmes « questions » selon qu'elles sont dans une grotte ou en extérieur, afin de se déplacer avec encore plus d'efficacité.

CLASSEMENT DES ÉRUPTIONS VOLCANIQUES

Une récente étude a permis de retracer l'histoire des éruptions volcaniques des plus de 2000 dernières années. Les scientifiques ont analysé pour ce faire les dépôts de sulfate présents dans une série de carottes de glace en Antarctique. Les résultats montrent qu'il y a eu au moins 116 éruptions volcaniques de grande envergure qui se sont produites au cours des deux derniers millénaires. Des phénomènes géologiques particulièrement puissants, puisqu'ils ont libéré des panaches de poussières de sulfate qui semblent s'être transportés jusqu'au pôle Sud. L'étude a permis d'établir un classement des dix éruptions volcaniques les plus importantes des deux derniers millénaires :

10 – Mont Rinjani, Indonésie	Date indéterminée	Situé sur l'île de Lombok en Indonésie, le mont Rinjani est le deuxième volcan le plus élevé du pays, culminant à plus de 3700 mètres. Il a été le siège d'une quinzaine d'éruptions depuis le XIXe siècle, la dernière remontant à 2010.
9 – Grimsvötn, Islande	1785	Le Grimsvötn est un volcan rouge situé sous la calotte glaciaire de Vatnajökull. C'est l'un des plus actifs d'Islande. Associé à deux fissures géologiques, il a connu entre 1783 et 1785 une série d'éruptions qui ont libéré dans le ciel des volumes records de lave fragmentée. Sa dernière éruption remonte à 2011 et a été considérée par les spécialistes comme la plus puissante depuis un siècle.
8 – Ilopango, Amérique centrale	450	L'Ilopango est aujourd'hui le plus grand lac du Salvador mais il cache un ancien volcan dont il ne reste plus qu'une caldeira* et quelques dômes de lave. Au Ve siècle, le volcan aurait connu une éruption massive, laissant échapper d'importantes nuées ardentes qui ont tout détruit aux alentours. C'est cette éruption qui serait à l'origine de l'effondrement de la chambre magmatique et de la formation de la caldeira. La dernière éruption remonterait au XIXe siècle.
7 – Quilatoa, Andes	1280	Situé en Équateur, le Quilatoa est un volcan gris qui culmine à plus de 3900 mètres. Il y a un peu moins de 800 ans, il aurait connu une éruption catastrophique, crachant des colonnes de gaz et de cendres qui se seraient répandues dans le ciel. Cette éruption serait à l'origine de la formation de la caldeira de 3 kilomètres de diamètre qui se serait remplie d'eau depuis et que l'on observe aujourd'hui.

6 et 5 – Rabaul, Papouasie-Nouvelle-Guinée	Entre 531 et 566 av. J.-C.	Le Rabaul est un volcan gris actif situé sur l'île de Nouvelle-Bretagne en Papouasie-Nouvelle-Guinée. Il se présente sous la forme de cônes volcaniques actifs entourant une large caldeira ouverte sur la mer. Il y a 2 500 ans, entre 540 et 550 avant notre ère, une éruption explosive massive aurait eu lieu. Elle aurait alors contribué, avec les éruptions qui ont suivi, à la formation de la caldeira observée aujourd'hui.
4 – Mont Churchill, Alaska	674	Culminant à plus de 4 700 mètres, le mont Churchill est un volcan gris de la chaîne Saint-Élie en Alaska. Aujourd'hui considéré comme endormi, il est à l'origine de ce que les scientifiques ont appelé la *White River Ash* (littéralement la « rivière blanche de cendres »), dépôt de cendres vieux de 1 300 ans. Elle serait apparue suite à deux éruptions massives survenues aux alentours de 670 qui ont éjecté un volume considérable de cendres (plus de 50 kilomètres cubes).
3 – Tambora, Indonésie	1815	Le Tambora est un stratovolcan situé sur l'île de Sumbawa en Indonésie, qui culmine à 2 850 mètres. Le 10 avril 1815, il a connu une éruption volcanique catastrophique, aujourd'hui considérée comme l'une des plus meurtrières de l'histoire. Entendue à plus de 2 000 kilomètres aux alentours, l'éruption a causé l'éjection de quelque 160 kilomètres cubes de roches incandescentes et d'un volume tout aussi considérable de cendres volcaniques. La catastrophe aurait directement causé la mort de plus de 10 000 personnes et aurait entraîné famine et maladies, aboutissant à un bilan dépassant les 70 000 morts. Elle aurait généré d'importantes anomalies climatiques, notamment une importante chute des températures. 1816 a par la suite été baptisée l'« année sans été ».
2 – Kuwae, Vanuatu	1452	Le Kuwae est une caldeira sous-marine située dans les îles Shepherd de l'archipel du Vanuatu. Elle est située entre deux petites îles séparées, qui ne l'auraient pas toujours été, selon les géologues. Elles formaient une seule et même île plus vaste, jusqu'au xve siècle où une terrible éruption volcanique se serait produite. Libérant plus de 30 kilomètres cubes de magma et un volume considérable de cendres, elle aurait causé un effondrement et la création de la caldeira ovale qui s'étend sur 12 fois 6 kilomètres. Cette éruption aurait également causé d'importantes perturbations climatiques.

1 – Samalas, Indonésie	1257	L'éruption volcanique la plus explosive de l'histoire aurait jailli du volcan Samalas, situé à proximité du mont Sinjani sur l'île de Lombok. Souvent qualifiée de « colossale », l'éruption a libéré un panache volcanique qui a atteint une quarantaine de kilomètres et des nuées ardentes qui ont couvert les alentours sur plus de 20 kilomètres. Elle a également causé l'effondrement de la chambre magmatique du volcan qui culminait à l'époque à 4 000 mètres. C'est ainsi que s'est formée la caldeira Segara Anak, aujourd'hui remplie par le lac du même nom.

* Une caldeira est une vaste dépression circulaire, située au cœur de certains volcans, qui résulte d'une éruption ayant vidé toute la chambre magmatique sous-jacente. Elle se remplit souvent d'eau et forme un lac volcanique.

QUELQUES BUGS CÉLÈBRES

1947 : Le « premier » bug.
Selon la légende, c'est le 9 septembre 1947 à 15 h 45 que le premier bug de l'histoire informatique aurait fait son apparition. Il s'agissait d'un papillon de nuit bloqué dans le calculateur Mark II de l'université Harvard aux États-Unis. De là vient le mot *bug*, insecte en anglais. En réalité le terme était employé depuis quelques années, mais l'histoire a retenu cette bestiole, notamment car elle se trouve toujours scotchée dans le carnet de bord de l'informaticienne Grace Hopper, conservé à la Smithsonian Institution.

1982 : Le gazoduc transsibérien explose.
Il s'agit de la plus grande explosion non-nucléaire de l'histoire. Elle fut provoquée par un sabotage initié par la CIA, qui voulait empêcher l'Europe d'importer le gaz russe. Les informaticiens des services secrets américains introduisirent volontairement un bug dans le logiciel du gazoduc que le KGB avait volé aux Canadiens. Personne n'est mort car la zone n'était pas habitée, mais l'ampleur de l'explosion fut telle qu'on crut un moment à une attaque nucléaire.

1985-1987 : Therac 25.
Therac 25 était une machine de radiothérapie destinée à soigner les lésions cancéreuses. Un dysfonctionnement du logiciel informatique a entraîné un surdosage de radiations directement lié à la mort de

6 patients. Certains ont reçu jusqu'à 100 fois la dose de radiations. Cette vingt-cinquième version de Therac fonctionnait en fait selon des routines écrites pour des prédécesseurs ; certaines étaient truffées d'erreurs, mais les sécurités mises en place les paraient et les rendaient invisibles. Une fois ces sécurités enlevées ou remplacées par d'autres, les premières lignes de code révélèrent fatalement leur défaillance.

1992 : La loterie Pepsi-Cola.
Cette année-là, la marque américaine lança un grand concours aux Philippines qui devait permettre à un heureux gagnant de devenir millionnaire (en pesos, soit l'équivalent d'environ 20 000 $). L'engouement fut inespéré : plus de la moitié des Philippins se prirent au jeu et espérèrent que les trois chiffres inscrits au dos de leur capsule de soda soient gagnants. Le 25 mai, Pepsi annonça le numéro 349. L'ennui est que plus de 800 000 bouteilles portant cette combinaison avaient été écoulées ! Le logiciel de tirage mal conçu n'avait pas reçu l'ordre d'éviter ces chiffres. Des dizaines de milliers de Philippins ne tardèrent pas à réclamer leur prix. Face au refus de la société, ils provoquèrent des émeutes dans Manille. Pendant plusieurs semaines, ces bâtiments et des camions furent caillassés. Un cocktail Molotov lancé sur une camionnette Pepsi fit plusieurs morts. Pepsi finit par acheter la paix en offrant 20 dollars à chaque détenteur d'une capsule gagnante.

1996 : *Ariane* explose au décollage.
Le 4 juin 1996, la fusée européenne *Ariane 5* échappa à tout contrôle lors de son décollage, entraînant une destruction immédiate et la perte de cinq satellites scientifiques embarqués. L'erreur survint lorsque le système de guidage s'efforça de convertir des données de 64 bits en 16 bits de codage, provoquant un dépassement de capacité (*overflow*). L'unité de secours qui prit le relais utilisait le même algorithme et subit le même dépassement de capacité. Le coût de cet accident fut estimé à 500 millions d'euros ; ce qui ferait de ces quelques lignes de code fautives les plus chères de l'histoire.

2002 : Chronique de morts annoncées.
Un bug dans le système informatique de l'hôpital St Mary's Mercy dans le Michigan a déclaré la mort de 8 500 patients, pourtant bien vivants. Non seulement ces derniers reçurent une facture et un courrier de l'hôpital leur annonçant leur propre mort, mais leur décès fut également

signalé à leur assurance ainsi qu'à la sécurité sociale américaine. Ces morts-vivants mirent plusieurs semaines à se ressusciter auprès des différentes administrations.

FOSSILES CÉLÈBRES

Nom	Description
Toumaï	Crâne fossile de primate découvert par l'équipe de Michel Brunet en 2001 au Tchad, dans le désert du Djourab. Il a conduit à la définition d'une nouvelle espèce, *Sahelanthropus tchadensis,* que certains paléoanthropologues considèrent comme l'une des premières espèces de la lignée humaine. Le fossile a été daté d'environ 7 millions d'années avant le présent, ce qui signifie que près de 350 000 générations nous séparent de lui.
Orrorin tugenensis	Nom donné à un hominidé âgé d'environ 6 millions d'années, défini à partir d'un ensemble disparate de fossiles dont certains ont été découverts en octobre et novembre 2000 dans les collines de Tugen au Kenya par Brigitte Senut et Martin Pickford.
Little Foot	Fossile d'hominidé découvert en 1994 par Ronald J. Clarke à Sterkfontein, en Afrique du Sud. Little Foot, « Petit Pied » en anglais, représente le squelette d'australopithèque le plus complet jamais découvert à ce jour. Une étude publiée en 2015 estime qu'il daterait de 3,67 millions d'années et serait donc plus ancien qu'Abel et Lucy.
Abel	Partie antérieure d'une mâchoire découverte en 1995 au Tchad par l'équipe de Michel Brunet, qui constitue le seul fragment retrouvé à ce jour de l'espèce *Australopithecus bahrelghazali.* Abel vivait en Afrique occidentale il y a entre 3,5 et 3 millions d'années, à la même époque que les *Australopithecus afarensis* en Afrique orientale. Michel Brunet, qui dirigeait les fouilles, a nommé le fossile en hommage au géologue Abel Brillanceau, son collègue mort quelques années plus tôt au Cameroun.

Lucy	Ce n'est pas le premier fossile d'australopithèque jamais découvert, mais le premier relativement complet. Lucy a été découverte le 24 novembre 1974 sur les bords de la rivière Awash en Éthiopie par une équipe internationale codirigée par Yves Coppens, Donald Johanson et Maurice Taieb. Elle reçoit son nom de la chanson des Beatles « Lucy in the sky with diamonds », que les archéologues écoutaient le soir sous la tente. En Éthiopie, elle est appelée Dinqnesh, ce qui signifie : « Tu es merveilleuse » en amharique. Elle est décrite une première fois en 1976 mais n'est rattachée à *Australopithecus afarensis* qu'en 1978. Elle est conservée au musée national d'Éthiopie à Addis-Abeba.

PHRÉNOLOGIE

De *phrèn* : le cerveau en grec. Cette pseudo-science est née à la fin des années 1790 dans l'esprit de Franz Joseph Gall, médecin viennois spécialisé en neurologie. Pour Gall, toutes nos facultés intellectuelles et morales, toutes nos inclinations, sont innées et trouvent leur origine dans des aires précises du cerveau. Il est possible de les mesurer en observant la forme du crâne, qui reproduirait les structures cérébrales sous-jacentes. La phrénologie passait à l'époque pour une théorie révolutionnaire. Si révolutionnaire que Gall fut chassé d'Autriche par l'empereur en personne sous l'impulsion de l'Église catholique, choquée par tant de rationalisme. Réfugié en France, il compte parmi ses adeptes l'impératrice Joséphine et Corvisart, le médecin de Napoléon. Après sa mort en 1828, il continuera d'inspirer de nombreux scientifiques, dont certains de bonne foi, comme Paul Broca, qui fit la découverte tout à fait sérieuse d'une région cérébrale spécialisée dans le traitement du langage qu'on appelle encore aujourd'hui l'aire de Broca. Dès ses débuts, la phrénologie rencontra de nombreux adversaires qui doutaient que tous nos comportements puissent être déterminés par les bosses de notre cerveau. Elle provoqua des dérives dangereuses, comme quand il s'agissait d'identifier des bosses propres aux criminels. Elle finit par péricliter autour des années 1880 avec le progrès des connaissances en matière de fonctionnement cérébral, auquel, paradoxalement, elle avait aussi contribué.

En prenant bien sûr nos distances avec son contenu, nous reproduisons un tableau des aires phrénologiques et de leur définition dans le langage des phrénologues :

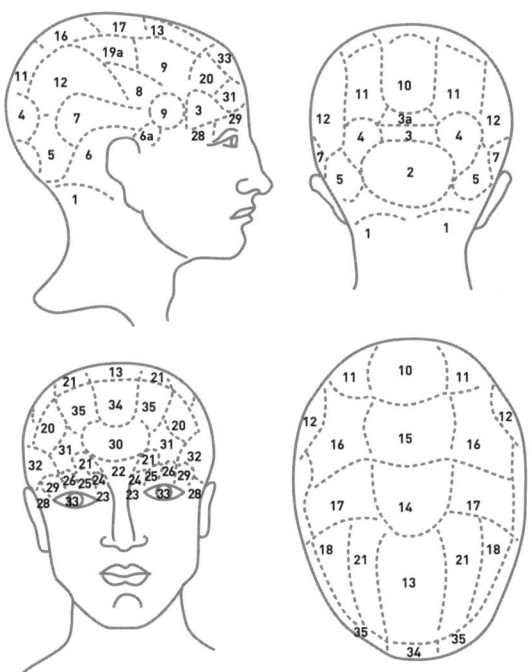

« CARTE » PHRÉNOLOGIQUE DU CRÂNE

Légende

1. Amativité : impulsion à aimer le sexe opposé, instinct (hétéro)sexuel.

2. Philoprogéniture : tendance à procréer et à élever des enfants.

3. Concentrativité : capacité de certains individus à se tenir à des idées fixes, à concentrer toute leur attention et leur énergie sur un projet.

3 *a.* Inhabilité.

4. Adhésivité : instinct d'attachement ; base de l'amitié. C'est une impulsion à aimer, mais sans distinction de sexe.

5. Combativité : instinct de résistance, c'est-à-dire la faculté qu'a l'homme de résister à ce qui fait obstacle à sa libre activité. Élément essentiel du courage.

6. Destructivité : instinct de l'attaque, propension à détruire.

6 *a*. Alimentivité : ce qui détermine le choix des aliments, les goûts. Elle peut produire le raffinement du goût ou, quand elle fonctionne trop peu, la gloutonnerie et l'ivrognerie.

7. Secrétivité : instinct de retenue, de réserve ; tendance à voiler ses sentiments et ses pensées.

8. Acquisivité : action d'acquérir et de conserver ce qu'on possède. Sa prédominance engendre l'avarice. Elle correspond aussi à ce qu'on appelle la « bosse des affaires ».

9. Constructivité : perception et conception des formes, des volumes et des forces ; aptitude à construire, instinct mécanique.

10. Estime de soi : sentiment de sa propre valeur, confiance en soi. Base essentielle de l'ambition du pouvoir et de l'orgueil.

11. Approbativité : désir de l'admiration d'autrui, désir de plaire. C'est l'autre élément essentiel de l'ambition. En excès, elle provoque la susceptibilité et la jalousie.

12. Circonspection : instinct de prudence, de précaution, d'appréhension. Intervient dès qu'il s'agit d'anticiper un danger.

13. Bienveillance : sentiment de bonté, de charité. C'est la faculté la plus impersonnelle que nous ayons, puisqu'elle est tout entière tournée vers autrui.

14. Vénération : sentiment de respect, de déférence. Elle est, entre autres, un des éléments du sentiment religieux.

15. Fermeté : instinct de stabilité, de persévérance. Associée à l'intelligence, elle aide à mener à terme les projets ; sinon elle devient entêtement.

16. Conscience : sentiment d'équité et de justice, instinct au devoir. Base de l'indignation, mais aussi de la loyauté.

17. Espérance : sentiment d'anticipation joyeuse, qui nous promet d'avance l'accomplissement de nos vœux.

18. Merveillosité : foi instinctive ; faculté de croire au surnaturel ou à tout ce qui dépasse la logique établie. C'est un élément essentiel des sentiments religieux, poétique et artistique.

19. Idéalité : sentiment du beau, de l'idéal ; aspiration vers la perfection. Élément essentiel de l'imagination.

19 *a*. Indéterminé.

20. Esprit de saillie : talent pour les mots d'esprit brillants, l'humour et l'à-propos. Revient à une perception accrue des contrastes et des antithèses.

21. Imitation : capacité à reproduire des gestes, des comportements, des savoir-faire.

22. Individualité : faculté qui porte à distinguer des objets entre eux, à reconnaître un objet particulier dans un ensemble.

23. Configuration : perception des contours et des formes. Base du talent pour les arts plastiques en général, l'architecture et la mécanique.

24. Étendue : perception des distances, des dimensions. Avec la configuration c'est l'un des deux sens géométriques par excellence.

25. Pesanteur : perception de la gravitation, de l'équilibre, du poids des objets. Indispensable à l'adresse manuelle.

26. Coloris : perception des nuances des couleurs ; sens de leur harmonie.

27. Localité : perception des positions relatives des objets ; faculté de s'orienter et mémoire des lieux.

28. Nombres : facilité à manipuler les nombres, disposition au calcul et à l'arithmétique en général. C'est la fameuse « bosse des maths ».

29. Ordre : disposition à la coordination symétrique, instinct d'arrangement matériel. Élément clef dans l'aptitude à la classification.

30. Éventualité : perception des événements, intérieurs comme extérieurs. Perception des changements réalisés entre deux moments.

31. Temps : appréciation des rapports de succession dans la durée, perception de l'intervalle écoulé entre deux sensations, et également sens du rythme.

32. Tons : perception et mémoire des sons. Base du talent musical.

33. Langage : perception et sens des mots ; faculté de les lier aux idées ou aux émotions qu'ils expriment. Élément bien sûr de l'apprentissage des langues.

34. Comparaison : perception des ressemblances ; capacité à établir un parallèle entre les choses, à regrouper des éléments.

35. Causalité : perception de la relation de cause à effet ; faculté d'induction et de déduction. C'est cette faculté qui fait demander aux enfants : « Pourquoi ? » Plus tard, elle devient la base de l'esprit philosophique.

LES ANIMAUX QUI TUENT LE PLUS D'HOMMES

En 2015 le magazine *Good* a établi une liste des animaux les plus mortels, sans omettre l'homme lui-même :

Nom	Nombre de morts par an
Requins	10 morts par an.
Loups	10 morts par an.
Lions	100 morts par an.
Éléphants	100 morts par an.
Hippopotames	500 morts par an.
Crocodiles	1 000 morts par an.
Ténias/vers solitaires	2 000 morts par an.
Mouches tsé-tsé	9 000 morts par an (maladie du sommeil).
Réduves	12 000 morts par an (maladie de Chagas).
Chiens	40 000 morts par an.
Serpents	50 000 morts par an.
Ascaris (parasites intestinaux)	60 000 morts par an.
Escargots d'eau douce	100 000 morts par an (transmission de la schistosomiase, maladie parasitaire).
Hommes	475 000 morts par an (meurtres).
Moustiques	725 000 morts par an (malaria, fièvre jaune).

ANIMAUX TRÈS VENIMEUX

La mygale *Atrax robustus*.
Cette espèce endémique d'Australie est considérée comme l'araignée la plus dangereuse du monde. Le mâle libère un venin neurotoxique surpuissant capable de tuer un homme en moins d'une heure.

Le mamba noir.
Cette espèce redoutable produit non seulement un venin extrêmement puissant (il peut tuer un homme en vingt minutes), mais elle est très agressive. C'est aussi le serpent le plus rapide du monde, ce qui n'arrange rien. On ne le rencontre qu'en Afrique subsaharienne.

Le cône géographe.
Ce mollusque des eaux tropicales est le coquillage le plus venimeux du monde. Il éjecte par son siphon un dard enduit de venin, capable de tuer un homme en deux heures. On ne lui connaît à ce jour aucun antidote.

La grenouille « phyllobate terrible ».
Reconnaissable à sa couleur jaune électrique, signalant le danger, c'est le plus toxique des batraciens. Elle sécrète son poison mortel directement sur sa peau. Dans certaines tribus amazoniennes, les chasseurs y frottent la pointe de leurs flèches, d'où son autre surnom : la grenouille de dard de poison.

Le scorpion rôdeur mortel ou « mort-à-l'affût ».
La piqûre de ce spécimen des déserts africains est extrêmement douloureuse, mais pas toujours mortelle pour l'homme.

La méduse-boîte.
C'est l'espèce de méduse la plus dangereuse : chacun de ses tentacules est couvert de centaines de milliers de harpons venimeux. On la trouve surtout au large des côtes asiatiques, mais on peut aussi la croiser en Méditerranée. Son venin tue plusieurs personnes chaque année (faute d'accès rapide aux services médicaux).

La pieuvre à anneaux bleus.
Malgré sa petite taille, elle produit dans sa salive un venin capable de terrasser un homme par arrêt respiratoire. On la trouve en Nouvelle-Calédonie et au sud de la Grande Barrière de corail.

Le poisson-globe.
Également connu sous son nom japonais de *fugu*, ce poisson contient un poison pouvant tuer un homme en quatre heures seulement. Et on ne lui connaît pas d'antidote !

Le poisson-pierre.
Avec ses treize épines dorsales reliées à des glandes à venin neuro-toxique, c'est lui qui détient le titre de poisson le plus venimeux du monde. Camouflé au fond de l'eau en imitant la roche et les coraux, il peut facilement transpercer une chaussure.

Le taïpan du désert.
Le venin de ce serpent australien est vingt-cinq fois plus puissant que celui du cobra. La quantité injectée par une seule morsure suffirait

à tuer cent hommes adultes. Heureusement, il est très craintif et n'attaque pas l'homme.

MONTÉE DES EAUX

En raison de la dilatation thermique des océans (l'eau chaude a un volume supérieur à l'eau froide) et de la fonte des glaces, la montée des eaux est une des autres conséquences alarmantes du réchauffement climatique. Le Groupe d'experts intergouvernemental sur l'évolution du climat (GIEC) indique que, dans le pire des scénarios, l'élévation du niveau de la mer sera de 82 centimètres en 2100, et de 26 cm selon l'hypothèse la plus optimiste. La NASA parie sur une hausse inévitable d'un mètre d'ici cent ou deux cents ans. Élévation qui pourrait être accompagnée de phénomènes climatiques dévastateurs, comme des ouragans, occasionnant d'importantes inondations. Voici quelques-unes des régions du monde les plus menacées :

LES PAYS CÔTIERS

Le Bangladesh	C'est le pays le plus menacé d'après les analyses du Climate Central. Situé sur un immense delta, il est pris en étau par la fonte des glaciers himalayens au nord et l'océan Indien au sud. Les eaux salées ont déjà commencé à pénétrer dans les terres et à affecter les surfaces agricoles. À Dacca, la capitale, plus de 11 millions de personnes pourraient être exposées à des inondations dramatiques à l'horizon 2070.
Les Pays-Bas	Près de la moitié de la population vit dans des zones sur mer. Un quart du pays se trouve même *sous* le niveau de la mer. Les autorités réfléchissent déjà à des moyens de protéger le pays. Un plan de 20 milliards d'euros sur trente ans a été annoncé en 2014 pour renforcer les 200 digues du pays. Certains sont séduits par le concept des maisons flottantes.
Cap Canaveral, aux États-Unis	En 1969, c'est depuis ce cap de Floride que les astronautes du programme Apollo s'envolaient pour la première fois vers la Lune. Aujourd'hui il est menacé par la montée des eaux, aggravée par les ouragans dévastateurs qu'il subit régulièrement. En attendant de devoir déménager sa base spatiale, la NASA construit des dunes artificielles pour contrer l'érosion.

Canton, en Chine	Déjà menacée par les inondations, la ville de 12,7 millions d'habitants risque de devenir encore plus vulnérable avec la hausse du niveau de la mer. Pour parer les dégâts, le gouvernement souhaite renforcer les digues et construire des brise-lames.
La Nouvelle-Orléans, aux États-Unis	La ville, construite dans le delta du Mississippi, se voit progressivement grignotée par le golfe du Mexique. La moitié de La Nouvelle-Orléans étant située sous le niveau de la mer, elle pourrait se retrouver intégralement submergée si l'eau monte de plus d'un mètre d'ici le prochain siècle. Le réchauffement climatique augmente aussi le risque d'ouragans comme Katrina, qui avait tué 1 800 personnes et inondé 80 % de la ville en 2005.
Hô-Chi-Minh-Ville (Saigon), au Viêt Nam	Elle aussi placée sur un delta, Hô-Chi-Minh-Ville est régulièrement confrontée aux inondations. Si la population continue de s'installer sur des zones peu élevées, les deux tiers de la ville se retrouveraient en danger direct au cours du siècle. Elle subit déjà une salinisation de ses sols qui affecte ses activités agricoles.
Abidjan, en Côte d'Ivoire	Avec Lagos au Nigeria et Alexandrie en Égypte, c'est une des villes africaines les plus vulnérables face au risque de montée des eaux. Le port et l'aéroport d'Abidjan ne s'élèvent qu'à 1 mètre au-dessus du niveau de la mer. 562 km^2 de côtes pourraient être submergés avant le tournant du XXIIe siècle.
Jakarta, en Indonésie	Selon l'OCDE, les habitants de Jakarta seront plus de 2 millions à être exposés aux conséquences de la montée des eaux d'ici à 2070 (contre 513 000 actuellement). La capitale de l'Indonésie s'est déjà affaissée de 4 mètres au cours des trente dernières années, soit un rythme effréné. Pour limiter ce chiffre, la ville peut tenter de préserver la mangrove, qui agit comme une protection contre la houle, ou mettre en place des systèmes de pompage.

LES ÎLES

Archipel des Kiribati **(110 000 habitants)**	Océan Pacifique	Ces îles sont situées à 3 mètres à peine au-dessus du niveau de la mer. Trente-deux îlots ont déjà disparu sous l'eau. En 2014, le président a acheté un territoire de 20 km² aux Fidji en vue d'y reloger sa population d'ici 2050. Les Kiribati pourraient être le premier État à déménager intégralement pour des raisons climatiques.
Îles Carteret **(2 600 habitants)**	Papouasie-Nouvelle-Guinée, océan Pacifique sud	Les marées géantes créent une érosion de la terre des îles, les recouvrent entièrement et détruisent les cultures. Certains habitants ont déjà fui et d'autres vont suivre, faute de ressources.
Les Maldives **(400 000 habitants)**	Océan Indien	80 % des terres de l'archipel sont établies à moins d'un mètre du niveau de la mer, ce qui avec la montée des eaux augure une disparition de la majorité des îles. D'autres phénomènes se font d'ores et déjà ressentir : érosion côtière, tempêtes, inondations. 80 % des 1 200 îles de l'archipel pourraient disparaître sous les eaux d'ici la fin du siècle.
Nauru **(9 000 habitants)**	Micronésie, océan Pacifique	
Kosrae **(7 000 habitants)**	Micronésie, océan Pacifique	
Îles Marshall **(54 800 habitants)**	Micronésie, océan Pacifique	
Îles Salomon **(550 000 habitants)**	Mélanésie, océan Pacifique	
Tuvalu **(10 000 habitants)**	Polynésie, océan Pacifique	
Tokelau **(1 400 habitants)**	Nouvelle-Zélande, océan Pacifique	

LE PLUS GRAND SYSTÈME PLANÉTAIRE
JAMAIS OBSERVÉ

En 2016, des astronomes ont mesuré une distance record entre une planète et son étoile : 1 000 milliards de kilomètres, soit environ 7 000 fois la distance de la Terre au Soleil ! Cette exoplanète était si éloignée d'un centre apparent qu'elle était jusque-là considérée comme une planète flottante, naviguant solitaire autour d'aucune étoile. Il lui faut environ 900 000 années terrestres pour faire le tour de son étoile. Elle appartient donc au plus large système planétaire connu à ce jour.

LA NEUVIÈME PLANÈTE

Depuis plusieurs décennies, les astronomes recherchent une hypothétique « planète X » située au-delà de Neptune. Pluton a longtemps détenu ce titre, avant d'être reclassée en planète naine. Au début de l'année 2016, on a finalement annoncé sa découverte. Quelques précisions sur cette planète Neuf :

On ne l'a pas encore « découverte ».
Aucun appareil n'a encore directement observé cette planète. Son existence est seulement suggérée par des calculs (très crédibles), effectués par des chercheurs du California Institute of Technology. Elle permet d'expliquer les orbites en forme d'ovale des planètes naines observées aux alentours. C'est avec ce genre de calculs que Neptune avait été découverte en 1846.

Ce ne sera pas une planète rocheuse.
Si elle existe, elle aura une masse dix fois plus importante que celle de la Terre. Pour cette raison, elle ne pourra être qu'une planète gazeuse. Théoriquement les planètes rocheuses ne peuvent pas excéder deux fois le diamètre de la Terre.

On mettra 57 ans pour l'atteindre.
Elle serait située à quelque 30 milliards de kilomètres de la Terre. Une sonde aussi rapide que Voyager 1 (17 km/s) lancée en 2016 n'approcherait pas la planète Neuf avant 2073.

Rendez-vous en 2018.
Le télescope spatial James-Webb, qui succédera en 2018 au télescope Hubble, devrait permettre d'observer des objets aussi lointains. La

planète Neuf nous apparaîtra alors seulement sous forme de quelques petits pixels lumineux.

TRANSPORTS PROPRES

Le classement suivant a été établi en 2011 par l'ADEME, l'Agence de l'environnement et de la maîtrise de l'énergie, avec le magazine *Géo*. Il se base sur le nombre de grammes de CO_2 émis pour chaque kilomètre parcouru ; pour les transports collectifs, ce nombre est donné par passager.

TGV : 13 g/CO_2/km
VOITURE ÉLECTRIQUE : 22 g/CO_2/km
TER, TEOZ, INTERCITÉS : 43 g/CO_2/km
VOITURES AUX AGRO-CARBURANTS : 85 g/CO_2/km
DEUX-ROUES jusqu'à 125 cm³ : 113 g/CO_2/km
VOLS LONG-COURRIERS : 118 g/CO_2/km
MOTO DE PLUS DE 750 cm³ : 123 g/CO_2/km
VOITURE DIESEL DE TAILLE MOYENNE : 127 g/CO_2/km
VOITURE HYBRIDE : 128 g/CO_2/km
AUTOBUS : 130 g/CO_2/km
VOITURE ESSENCE DE TAILLE MOYENNE : 135 g/CO_2/km
VOL DOMESTIQUE : 145 g/CO_2/km
VOITURE GPL DE TAILLE MOYENNE : 188 g/CO_2/km
4×4 : 250 g/CO_2/km

LOGIES 2/4

• **Anatomie et médecine (principalement humaines mais éventuellement aussi vétérinaires)**

- Morphologie : étude de la forme et de la structure des êtres vivants
- Physiologie : étude du fonctionnement des organismes vivants
    - Électrophysiologie : étude des phénomènes électriques à l'intérieur des organismes
- Tératologie : étude des anomalies anatomiques des êtres vivants
- Neurologie : étude du système nerveux
- Ophtalmologie : étude de l'œil
- Otologie : étude des oreilles
- Audiologie : étude de l'audition
- Rhinologie : étude du nez
- Laryngologie : étude de la gorge
- Stomatologie : étude de la bouche
- Odontologie : étude des dents
- Pneumologie : étude des poumons
- Cardiologie : étude du cœur
    - Rythmologie : étude du rythme cardiaque
- Splanchnologie : étude des viscères
    - Entérogastrologie : étude de l'appareil digestif
        - Entérologie : étude de l'intestin
        - Gastrologie : étude de l'estomac
        - Proctologie : étude de l'anus et du rectum
    - Hépatologie : étude du foie
    - Splénologie : étude de la rate
    - Urologie : étude des voies urinaires
    - Néphrologie : étude des reins
- Podologie : étude du pied
- Histologie : étude des tissus, analyse de leur composition
- Myologie : étude des muscles
- Ostéologie : étude des os
- Arthrologie (ou synostéologie) : étude des articulations
    - Syndesmologie : étude des ligaments
- Chondrologie : étude des cartilages

- Hématologie : étude du sang et de la lymphe
- Lymphologie : étude du système lymphatique
- Angiologie : étude des vaisseaux
    - Phlébologie : étude des veines
- Dermatologie : étude de la peau
    - Trichologie : étude des poils et des cheveux
- Lipidologie : étude des molécules de graisse
- Esthésiologie : étude des mécanismes sensoriels
- Kinésiologie : étude des mouvements du corps humain
- Algologie : étude de la douleur
- Endocrinologie : étude des hormones
    - Diabétologie : étude du diabète
- Immunologie : étude du système immunitaire
- Pathologie : étude des maladies
    - Nosologie : classification des maladies
    - Anatomo-pathologie : étude des anomalies physiques
    - Étiologie : étude des causes des maladies
    - Physiopathologie : étude des mécanismes des maladies
    - Infectiologie : étude des maladies infectieuses
    - Vénérologie : étude des maladies sexuellement transmissibles
    - Rhumatologie : étude des maladies des os, articulations, muscles, tendons, ligaments
    - Oncologie : étude du cancer
    - Paludologie : étude de la malaria
    - Épidémiologie : étude des épidémies
- Virologie : étude des virus
- Pharmacologie : étude des médicaments et de leur emploi
    - Posologie : étude des doses auxquelles les employer
    - Vaccinologie : étude des vaccins
- Psychopharmacologie : étude des psychotropes
- Toxicologie : étude des poisons
- Gynécologie : physiologie de la femme
    - Mastologie (ou sénologie) : étude des seins
- Andrologie : physiologie de l'homme
    - Spermologie : étude du sperme
- Embryologie : étude de l'embryon et du fœtus

- Néonatologie : étude des nouveau-nés

PHONAGNOSIE

La phonagnosie est une maladie rare, qui se traduit par une incapacité à reconnaître la voix des autres. Elle altère le processus d'identification des personnes par leur voix. Comme pour la prosopagnosie, qui est un trouble de la reconnaissance des visages, ses causes sont mal connues.

1-2-3-4-5-6

C'est le mot de passe le plus courant dans le monde d'après la société de sécurité informatique SplashData. Suivent les aussi peu inventifs : « qwerty » (les premières lettres du clavier anglophone), « password » et « abc123 ». Statistique qui rappelle la nécessité de soigneusement composer ses mots de passe pour échapper aux piratages et aux fraudes en ligne.

ÉCHELLE DU BRUIT

Comment le bruit se mesure-t-il ? Comme il correspond à une vibration de l'air, il s'exprime normalement en pascals, l'unité de pression. L'oreille humaine est capable d'entendre des sons à partir de 20 micropascals (seuil d'audibilité) jusqu'à 20 pascals (seuil de la douleur). Cette unité est donc très peu pratique pour mesurer les sons que nous entendons, car elle force à des écarts de valeurs gigantesques. C'est pourquoi les acousticiens ont recours au décibel, qui permet de comparer l'intensité des bruits sur une échelle beaucoup plus resserrée, faite sur mesure pour notre oreille. Attention, le décibel est une unité logarithmique : on ne peut pas le manipuler comme une unité décimale. Il suffit de retenir que lorsque la puissance sonore double, on ajoute 3 décibels. Deux lave-vaisselle de 60 dB ne font pas un bruit de 120 dB, mais de 63 dB.

10 à 20 : respiration normale
20 à 30 : chuchotement, bruissement de feuilles
30 à 40 : réfrigérateur, bruit de fond dans une bibliothèque
40 à 50 : pluie, bruit de fond dans un bureau calme
50 à 60 : lave-vaisselle en marche
60 à 70 : conversation normale, téléviseur, intérieur d'une voiture, sonnerie de téléphone

70 à 80 : réveille-matin, sèche-cheveux, aspirateur, machine à laver à l'essorage

80 à 90 : restaurant bruyant, intérieur de métro

85 : seuil de danger, à partir duquel le bruit peut provoquer des troubles auditifs si l'exposition est prolongée et répétée

90 à 100 : aboiement, route à circulation très dense, accélération d'une moto

100 à 110 : klaxon, marteau-piqueur, cinéma, orchestre symphonique, pleurs de bébé

110 à 120 : match de football, concert de rock, boîte de nuit

120 à 130 : sirène d'ambulance, tonnerre

120 : seuil de douleur

130 à 140 : course de Formule 1, avion au décollage

140 à 150 : ballon qui éclate

160 à 170 : chant de baleine, feu d'artifice, tirs d'arme à feu

190 : fusée au décollage

190 : à partir de cette intensité, le bruit peut provoquer la mort par arrêt cardiaque

210 : explosion d'une tonne de TNT

235 : séisme de 5 sur l'échelle de Richter

DATA

Pendant la seule année 2011, le volume de l'information qui a été numérisée dans le monde a atteint 10 puissance 21 octets, c'est-à-dire 1 suivi de 21 zéros. En 2013, ce volume a été 4,4 fois supérieur. À ce rythme, en 2020, l'humanité devrait stocker 44 zettaoctets, soit 44 000 milliards de gigaoctets de données dans ses ordinateurs, tablettes, smartphones, montres, lunettes, réfrigérateurs, automobiles et autres objets connectés.

QUAND 2 SECONDES SE SERONT ÉCOULÉES...

4 800 kilos de sable auront été extraits des plages de la planète, essentiellement pour fabriquer du béton armé. Il faut 200 tonnes de sable pour construire une maison de taille moyenne. Chaque kilomètre d'autoroute engloutit au moins 30 000 tonnes de sable. Le sable marin (celui des déserts est impropre à la construction) occupe la 3e place des ressources les plus utilisées après l'air et l'eau, et devant le pétrole. Un marché qui représente 70 milliards de dollars par an. On commence aujourd'hui à s'inquiéter de la disparition du sable de nos rivages : son pillage a déjà grignoté au moins 75 % des plages du monde et englouti des îles entières.

LA PREMIÈRE FLEUR DE L'ESPACE

Une fleur a éclos au début de l'année 2016 dans la station spatiale internationale. Il s'agit d'un petit zinnia comestible aux pétales orange flamboyants. Comme les laitues cultivées par les astronautes de la NASA dès 2014, il est une des réussites du projet Veggie : soit le développement de techniques pour nourrir les astronautes dans l'espace en vue de missions de longue durée. L'objectif explicite ? Un futur voyage sur la planète Mars.

ORGASME MASCULIN CONTRE ORGASME FÉMININ

	Homme	Femme
Pour l'atteindre	Quelques minutes, voire quelques secondes suffisent.	C'est plus long. Les sexologues W. Hartman et M. Fithian ont conclu, après étude, à une moyenne de 21 minutes.
Intensité	Le couple de sexologues W. Masters et V. Johnson estiment que le déchargement orgasmique serait 8 à 10 fois plus fort chez la femme que chez l'homme.	

Durée	6 secondes en moyenne.	20 secondes en moyenne. (Les chiffres sont du physiologue Roy Levin.)
Battements du cœur	120 à 130 par minute.	150 à 160 par minute.
Reproductibilité	16 orgasmes en une heure.	134 orgasmes en une heure. (Ces maximums furent enregistrés par W. Hartman et M. Fithian.)

SIDA

Environ 34 millions de personnes dans le monde sont atteintes du virus du VIH (chiffres de 2011). L'épidémie du sida a déjà fait, depuis trente ans, 30 millions de victimes.

LES EXTINCTIONS DE MASSE

Une extinction de masse est, au sens strict, la disparition de plus ou moins 75 % des espèces présentes sur la Terre sur une période courte à l'échelle des temps géologiques (de l'ordre de quelques millions d'années à peine). Si l'on dénombre en tout vingt-quatre épisodes d'extinction depuis l'apparition de la vie sur terre, cinq furent véritablement massifs. Une sixième extinction serait peut-être en cours.

	Époque	Description
1. Extinction de l'Ordovicien-Silurien	Il y a 439 millions d'années	À la fin de l'Ordovicien, la vie était encore cantonnée dans les mers. Une baisse du niveau des océans par la formation de glaciers entraîna la disparition de 25 % des familles d'espèces marines. Le Silurien commence quand la mer remonte.
2. Extinction du Dévonien	Il y a 365 millions d'années	Les causes de cette extinction spectaculaire sont inconnues. Elle fit disparaître 22 % des familles marines. Les amphibiens furent aussi concernés, mais nous savons peu de choses sur les espèces terrestres de cette époque.

3. Extinction du Permien-Trias	Il y a 252 millions d'années	C'est l'extinction la plus importante que la Terre ait connue. Le volcanisme de Sibérie en serait la cause avec pour conséquence l'accroissement du méthane dans l'atmosphère. Elle tua 90 % de toutes les espèces, et en particulier 70 % des espèces terrestres (plantes, insectes, vertébrés). Parmi les reptiles, qui venaient d'apparaître, 89 genres sur 90 disparaissent.
4. Extinction du Trias-Jurassique	Il y a entre 199 millions et 214 millions d'années	Elle a probablement été causée par des éruptions volcaniques créant de gigantesques flots de lave depuis la zone magmatique au centre de l'Atlantique. Événement qui déclencha l'ouverture de la Pangée et installa une chaleur mortelle sur la planète. Elle a surtout affecté les milieux marins (52 % des espèces y disparaissent), mais on compte également de nombreuses victimes chez les reptiles, les dinosaures et les premiers mammifères.
5. Extinction du Crétacé-Tertiaire	Il y a 65 millions d'années	C'est l'extinction qui a le plus fait parler d'elle : elle s'est traduite par la disparition brutale d'au moins 70 % des espèces marines et terrestres, parmi lesquelles nombre de reptiles et de mammifères et surtout les dinosaures, dont aucune espèce ne survécut. Elle a probablement été causée, du moins aggravée, par l'impact d'un astéroïde de quelques kilomètres de diamètre (10 à 20 km), qui a créé l'immense cratère de Chicxulub, aujourd'hui enfoui dans la presqu'île du Yucatán au Mexique. Certains géologues remarquent aujourd'hui l'importance, autrefois négligée, d'énormes éruptions volcaniques survenues en Inde avant et après météorite. L'impact combiné à l'activité volcanique plus intense aurait recouvert la planète de poussière et d'émanations toxiques qui ont fortement modifié le climat terrestre.

6. Extinction de l'Holocène ?	En cours	Tout porte à penser que nous serions les contemporains d'une sixième extinction massive, celle causée par les activités humaines. Le taux d'extinction des espèces actuel serait 100 à 1 000 fois supérieur au taux moyen naturel. En 2015, une espèce d'oiseaux sur huit, un mammifère sur quatre, un amphibien sur trois et 70 % des espèces végétales sont en péril. Cette sixième extinction commencerait avec la disparition des grands mammifères préhistoriques comme le mammouth laineux et s'accélérerait depuis les années 1950. Au xxe siècle, entre 20 000 et 2 millions d'espèces se sont éteintes.

NATURE SYMÉTRIQUE

La symétrie (du grec *summetria*, la juste proportion) est partout présente dans le vivant : il suffit de regarder un visage humain, d'admirer la régularité des alvéoles d'un nid d'abeilles ou encore de constater que tous les vertébrés sont organisés selon une symétrie bilatérale (gauche-droite) et les végétaux selon une symétrie radiale circulaire. Elle a toujours fasciné l'homme, elle qui est au cœur de la science et de l'art, et il est possible de retracer une histoire de l'observation de la symétrie dans la nature. Dans cette histoire, la découverte de la Vénus de Milo tient une grande place. Quand la statue arriva de Grèce à Paris en 1820, un médecin allemand tempéra l'émerveillement général qu'elle suscitait. D'après ses connaissances en anatomie, la femme qui servit de modèle à la statue avait un corps asymétrique et déformé, laissant à penser qu'il s'agissait d'une paysanne marquée par le labeur. Son plaidoyer eut des répercussions bien au-delà de l'histoire de l'art, et fut le point de départ d'une longue série d'études sur la symétrie chez l'homme et d'autres organismes. On finit par constater que la symétrie était l'alpha et l'oméga du vivant, le critère auquel sa perfection devait tendre, et que toute déviation par rapport à elle représentait d'une manière ou d'une autre une tare, un désavantage dans l'adaptation à l'environnement. Des études sur les chevaux et les chiens de course, par exemple, ont montré que les bêtes dont le squelette est le plus symétrique gagnent plus souvent. De la même façon, les étourneaux dont les plumes présentent de petits écarts par rapport à une symétrie bilatérale parfaite volent moins bien. Les mouches de leur côté sont plus fréquemment avalées par les oiseaux quand leurs ailes sont asymétriques et la longévité de la chenille diminue avec l'asymétrie de ses pattes. Les fleurs mêmes seront plus volontiers pollinisées par les abeilles si leur symétrie est irréprochable. La symétrie est bien la clef dans la lutte pour la survie et la perpétuation de l'espèce. C'est de la stabilité du développement cellulaire, dès la formation de l'embryon, que dépend la symétrie d'un organisme. Tout un tas de facteurs environnementaux (qualité de la nourriture, chaleur, froid, bruit, rayonnements, exposition à la lumière, parasites, maladies) peuvent entraver ce développement. L'espèce humaine aussi est concernée : les enfants de femmes alcooliques présentent, entre autres, des empreintes digitales plus asymétriques que les enfants nés de femmes n'ayant pas bu d'alcool pendant la grossesse. On aurait ici une des explications biologiques (évidemment réductrice dans le cas de l'homme) de l'importance de la symétrie dans notre appréciation de la beauté. Un membre d'une espèce cherche instinctivement, pour se reproduire, un individu fort et en pleine santé, car il garantit la réussite de la reproduction. C'est d'ailleurs pour cette raison que les humains ont perdu leurs poils au fil de l'évolution : il était plus facile de constater chez un homme ou une femme peu poilus l'absence de parasites et de lésions diverses. De la même façon, un individu symétrique étant par définition plus « performant », il sera choisi en priorité pour l'accouplement. Heureusement l'être humain est une créature plus complexe et ne limite pas son désir à la seule régularité d'un visage. On notera enfin que l'asymétrie totale de nos organes internes reste pour l'heure un véritable mystère...

LISTE DES ESPÈCES
LES PLUS MENACÉES 4/6

Type	Espèce	Nom verna-culaire	Répartition géographique	Population estimée	Menaces
Oiseau	*Geronticus eremita*	Ibis chauve	Nidifie au Maroc, en Turquie et en Syrie. La population syrienne passe l'hiver en Éthiopie centrale	200–249 individus adultes	• dégradation et destruction de l'habitat • chasse
Plante	*Gigasiphon macrosiphon*		Réserves forestières de Kaya Muhaka, Gongoni et Mrima, Kenya ; réserve naturelle d'Amani, réserve forestière de Kilombero ouest et gorges de Kihansi, Tanzanie	33	• extraction du bois • développement de l'agriculture • prédation par les cochons sauvages
Mollusque	*Gocea ohridana*		Lac Ohrid, Macédoine	Inconnue	• pollution • extraction excessive de l'eau • sédimentation
Amphibien	*Heleophryne rosei*		Montagne de la Table, province du Cap-Occidental, Afrique du Sud	Inconnue	• plantes invasives • extraction de l'eau

Mollusque	*Hemicycla paeteliana*	(espèce d'escargot)	Péninsule de Jandia, Fuerteventura, îles Canaries	Inconnue	• surpâturage • piétinement par les chèvres et les touristes
Oiseau	*Heteromirafa sidamoensis*	Alouette d'Érard	Plaines du Liben, Éthiopie du Sud	90–256	• développement de l'agriculture • surpâturage • brûlis
Plante (arbuste)	*Hibiscadelphus woodii*		Kalalau Valley, Hawaï	Inconnue	• dégradation de l'habitat par des ongulés sauvages • compétition avec des plantes invasives
Poisson	*Hucho perryi*		Inconnue	Inconnue	• surpêche (pêche de loisir et pêche accidentelle par les pêcheurs commerciaux) • barrages • agriculture
Crustacé	*Johora singaporensis*	Crabe d'eau douce de Singapour	Réserve naturelle de Bukit Timah, Singapour	Inconnue	• réduction de la quantité et de la qualité de l'eau
Plante	*Lathyrus belinensis*		Périphérie du village de Belin, Antalya, Turquie	< 1 000	• urbanisation • surpâturage • plantation de conifères • construction de routes

Amphibien	*Leiopelma archeyi*		Péninsule de Coromandel et forêt de Whareorino, Nouvelle-Zélande	Inconnue	• Chytridiomycose (maladie infectieuse) • prédation par des espèces invasives
Amphibien	*Lithobates sevosus*		Comté de Harrison, Mississippi, États-Unis	60 à 100	• maladie fongique • changement climatique • nouvelles utilisations des sols
Oiseau	*Lophura edwardsi*	Faisan d'Edwards	Quang Binh, Quang Tri et Thua Thien-Hue, Viêt Nam	Inconnue	• perte d'habitat • chasse

LE PLUS GRAND ARBRE DU MONDE

Quelque part dans une zone reculée du parc national de Redwood en Californie s'élève un arbre mastodonte dont le sommet culmine à 115,55 mètres au-dessus du sol. C'est à peu près la hauteur du deuxième étage de la tour Eiffel. Découvert en 2006, ce séquoia à feuilles d'if a été baptisé Hyperion d'après le titan de la mythologie grecque. Son emplacement exact n'est connu que d'une poignée de chercheurs. Pourquoi le dissimuler au grand public ? Parce que Hyperion est un arbre aux racines peu profondes, qui tire ses ressources de l'eau présente dans les couches les plus en surface du sol. Un afflux de visiteurs imposerait un trop grand poids sur la terre alentour, ce qui aurait pour effet de déplacer l'eau pouvant abreuver ses racines et plus simplement d'endommager son écosystème.

LE GIRAFON

Temps de gestation de la girafe : 15 mois.
Mise bas : position debout.
Distance moyenne de l'utérus de la mère jusqu'au sol : 2 mètres.
Risque lié à la mise bas : chute entraînant une fracture de la nuque.
Nombre de petits à la naissance : un à la fois, exceptionnellement deux.
Taille à la naissance : deux mètres.
Poids : 40 à 80 kg.
Croissance : un mètre durant la première année de sa vie. À l'âge de six mois, il mesure presque trois mètres. Il atteint sa taille d'adulte à l'âge de 7 ans en affichant à la toise au minimum cinq mètres.
Principaux prédateurs : les hyènes, les lions, et les crocodiles. La mortalité atteint entre 50 et 75 % dans la première année.

ESPÉRANCE DE VIE PAR PAYS

Ces moyennes sont celles de l'OMS pour l'année 2015.

	Pays	Espérance de vie en années
1	Monaco	87,2
2	Japon	84,6
3	Andorre	84,2
4	Singapour	84
5	Hong Kong	83,8
6	Saint-Marin	83,5
7	Islande	83,3
8	Italie	83,1
9	Suède	83
10	Australie	83
11	Suisse	82,8
12	Canada	82,5
13	Espagne	82,3
14	France	82,3
15	Israël	82,1
16	Luxembourg	82
17	Norvège	81,9

18	Nouvelle-Zélande	81,7
19	Autriche	81,5
20	Pays-Bas	81,5
21	Irlande	81,4
22	Chypre	81,2
23	Finlande	81
24	Allemagne	81
25	Grèce	81
26	Corée du Sud	81
27	Malte	81
28	Belgique	81
29	Royaume-Uni	81
30	Liechtenstein	80,7
31	Taïwan	80,6
32	Portugal	80
33	Slovénie	80
34	Costa Rica	79,8
35	États-Unis	79,8
36	Chili	79,5
37	Danemark	79,5
38	Cuba	79,4
39	Liban	79,4
40	Émirats arabes unis	79,2
41	Brunei	79
42	La Barbade	78,5
43	Koweït	78,2
44	République tchèque	78
45	Panama	77,8
46	Pologne	77,5
47	Croatie	77,5
48	Uruguay	77,3
49	Mexique	77,2
50	Maldives	77,2
51	Bahreïn	77
52	Belize	76,9

53	Slovaquie	76,8
54	Bahamas	76,5
55	Grenade	76,5
56	Brésil	76,2
57	Estonie	76,1
58	Équateur	76
59	Argentine	76
60	Saint-Vincent-et-les-Grenadines	76
61	Oman	76
62	Bosnie-Herzégovine	76
63	Chine	76
64	Lituanie	75,9
65	Antigua-et-Barbuda	75,8
66	Malaisie	75,7
67	Sainte-Lucie	75,5
68	Qatar	75,5
69	Maurice	75,2
70	Saint-Christophe-et-Niévès	75,1
71	Viêt Nam	75
72	Hongrie	75
73	Venezuela	75
74	Macédoine	75
75	Syrie	75
76	Thaïlande	74,9
77	Trinité-et-Tobago	74,8
78	Seychelles	74,7
79	Sri Lanka	74,7
80	Paraguay	74,7
81	Pérou	74,7
82	Salvador	74,6
83	Jordanie	74,6
84	Colombie	74,6
85	Tonga	74,5
86	Cap-Vert	74,5
87	Lettonie	74,5

88	Nicaragua	74,5
89	Libye	74,5
90	Géorgie	74,5
91	Tunisie	74,5
92	Monténégro	74,5
93	Bulgarie	74,5
94	Suriname	74,5
95	Arménie	74,4
96	Arabie saoudite	74,3
97	Samoa	74
98	Palaos	74
99	Roumanie	74
100	Honduras	74
101	Albanie	74
102	Serbie	74
103	Jamaïque	73,8
104	Iran	73,5
105	Îles Marshall	73,5
106	Algérie	73,3
107	République dominicaine	73,3
108	Égypte	73,2
109	Fidji	73
110	Philippines	73
111	Salomon	73
112	Nauru	73
113	Maroc	73
114	Biélorussie	72,5
115	Indonésie	72
116	Sao Tomé-et-Principe	72
117	Vanuatu	72
118	Azerbaïdjan	71,5
119	Guatemala	71,5
120	Ukraine	71
121	Moldavie	71
122	Russie	70,8

123	Bhoutan	70,5
124	Guyana	70,5
125	Micronésie	70
126	Bangladesh	70
127	Kirghizistan	69
128	Corée du Nord	69
129	Népal	69
130	Mongolie	69
131	Bolivie	69
132	Irak	68,5
133	Ouzbékistan	68,5
134	Laos	68
135	Birmanie	68
136	Kazakhstan	68
137	Comores	68
138	Kiribati	68
139	Tadjikistan	68
140	Papouasie-Nouvelle-Guinée	67,5
141	Namibie	67,2
142	Pakistan	67
143	Turkménistan	66,5
144	Cambodge	66
145	Ghana	66
146	Madagascar	66
147	Botswana	66
148	Inde	65
149	Gabon	64
150	Yémen	64
151	Timor oriental	64
152	Sénégal	64
153	Haïti	63
154	Soudan	63
155	Érythrée	61,5
156	Cameroun	61,5
157	Afrique du Sud	61

158	Djibouti	61
159	Éthiopie	60,5
160	Kenya	60
161	Rwanda	60
162	Afghanistan	60
163	Mauritanie	59,5
164	Liberia	59
165	Tanzanie	59
166	Bénin	59
167	Gambie	59
168	Malawi	58
169	République du Congo	58
170	Togo	57
171	Burkina Faso	56,5
172	Côte d'Ivoire	56,5
173	Ouganda	56
174	Niger	56
175	Zambie	55,5
176	Guinée	55
177	Guinée équatoriale	54
178	Zimbabwe	54
179	Burundi	53
180	Nigeria	53
181	Mozambique	52,5
182	Angola	52
183	Tchad	51
184	Mali	51
185	Lesotho	51
186	Guinée-Bissau	50
187	Swaziland	50
188	Somalie	50
189	République démocratique du Congo	49,5
190	République centrafricaine	48,5
191	Sierra Leone	47,5

Les spécialistes estiment que, dans les pays développés, une fille sur deux née en 2003 sera centenaire.

En France, depuis 1900, hommes et femmes ont gagné 25 ans en moyenne, soit 219 000 heures de vie. Au XIXᵉ siècle, le travail occupait 70 % de la vie éveillée d'un Français ; il en occupe 14 % aujourd'hui.

HÉRITABILITÉ DU QI

Le quotient intellectuel (QI) est une valeur censée comparer l'intelligence abstraite des individus. Les premiers tests datent du tout début du XXᵉ siècle. Leurs résultats doivent toujours être pris avec beaucoup de distance : ils ne peuvent estimer qu'une petite partie de la personnalité des personnes évaluées. De plus il n'y a pas de science absolue du QI et il existe toutes sortes de tests, pouvant conduire à des conclusions assez éloignées les unes des autres.

En ayant ces précautions en tête, on peut utiliser le QI comme un indice de comparaison dès lors qu'un échantillon d'individus a été soumis au même test. C'est cette méthode qu'a employée un groupe de chercheurs de l'université de Pittsburgh pour déterminer les corrélations qui existent entre le QI des membres d'une même famille. Il ne s'agit pas de dire que l'intelligence s'hérite de façon génétique, mais qu'elle peut être influencée par des paramètres éventuellement génétiques, mais aussi liés à l'éducation et à la stimulation de l'environnement familial. Leur étude parue en 2012 dans la revue *Nature* est considérée comme une des meilleures sur le sujet. Voici leurs résultats :

Lien de parenté	Corrélation
Vrais jumeaux élevés ensemble	0,85
Vrais jumeaux élevés séparément	0,74
Faux jumeaux élevés ensemble	0,59
Frère et sœur élevés ensemble	0,46
Enfant et moyenne des parents	0,50
Enfant et parent célibataire vivant ensemble	0,41
Enfant et parent célibataire vivant séparés	0,24
Parent adoptif et enfant vivant ensemble	0,20
Entre mari et femme	0,33

LES ANIMAUX DE L'ESPACE

Depuis que les frères Montgolfier ont organisé en 1783 le premier vol d'un ballon à air chaud avec dans la nacelle un canard, surnommé Coin-Coin, un coq (Cocorico) et un mouton (Montauciel), les animaux sont les vrais pionniers de la conquête spatiale. Voici quelques-uns de ces astronautes à pattes, au destin le plus souvent malheureux (pour chaque cas, le nom, l'espèce, le pays d'origine et l'exploit spatial) :

Anonymes
Mouches à fruits, États-Unis
Les premières bestioles jamais envoyées dans l'espace furent des mouches à fruits embarquées par les Américains à bord d'une fusée V2 capturée aux Allemands pendant la Seconde Guerre mondiale. La fusée fut lancée le 20 février 1947 depuis le désert du Nouveau-Mexique, atteignit 109 kilomètres d'altitude et ramena les mouches en pleine forme.

Albert I, II, III et IV
Tous des macaques rhésus sauf Albert III, macaque crabier, États-Unis
Ensuite les Américains se concentrèrent sur les singes, choisis pour leur physiologie proche de celle des humains. Albert II devint, le 14 juin 1949, le premier primate à sortir de l'atmosphère, Albert Ier n'ayant pas dépassé les 60 kilomètres d'altitude. Tous connurent une fin tragique : Albert Ier suffoqua en vol, la fusée V2 d'Albert III explosa après son lancement, tandis qu'Albert II et Albert IV s'écrasèrent au sol à cause d'une défaillance du parachute.

Albert V
Souris, États-Unis
Le dernier des Albert ne fut pas un singe mais une souris. Albert V fut le premier rongeur à entrer dans la thermosphère, le 31 août 1950. Il finira désintégré dans sa fusée, qui explosa à cause d'un dysfonctionnement du système de parachutage. Ce sera le dernier animal à voyager en V2.

Dezik et Tsygane
Chiennes, Union soviétique
Les Russes préfèrent les chiens, qu'ils choisissent errants car supposés plus résistants à des conditions désagréables. Ou plus précisément les chiennes. Avantage ? Les femelles sont réputées plus dociles et surtout n'ont pas besoin de lever la patte pour uriner, ce qui les rend plus adaptées

au voyage dans de petites capsules. Le 22 juillet 1951, Dezik et Tsygane s'envolèrent à plus de 110 kilomètres au-dessus du sol et revinrent en vie. Ce fut une fierté immense pour les Russes, face à l'hécatombe des Albert américains. Dezik repartira dans l'espace, mais ne survivra pas cette fois-ci. Tsygane fut adoptée par un des astrophysiciens de la mission soviétique.

Yorick
Singe, États-Unis
Il fut embarqué à bord d'une fusée Aerobee le 20 septembre 1951, en compagnie de onze souris. Tout le petit équipage retrouva la terre sain et sauf, mais Yorick mourut deux heures après l'atterrissage. Il est néanmoins considéré comme le premier singe à avoir survécu à un vol spatial.

Laïka
Chienne
Union soviétique
Le 3 novembre 1957, quatre ans avant le vol de Youri Gagarine, le satellite Spoutnik 2 emmène à son bord la chienne noire et blanche Laïka, premier être vivant à entrer en orbite (2 000 kilomètres). Avant elle, les animaux sont loin d'aller aussi haut, ils dépassent simplement les limites de l'atmosphère en effectuant des vols dix fois plus élevés que les avions de ligne.
Laïka avait été recueillie dans les rues de Moscou par des scientifiques qui l'avaient d'abord nommée Kourdyavka (« Bouclette »). Le nom n'étant pas assez facile à retenir pour le public international, elle sera finalement baptisée Laïka (« Petit Aboyeur »). La presse américaine la surnomma Muttnik, à partir du mot d'argot *mutt* (« cabot »). Laïka subit un entraînement long et intense, aux côtés de deux autres chiennes, Albina et Mouchka, qui ne servirent qu'à des tests.
Il n'a jamais été prévu que Spoutnik 2 revienne sur terre : Laïka était donc condamnée dès le départ. Cependant, malgré la légende répandue par les Soviétiques, la chienne ne s'est pas éteinte sans souffrances. La version officielle racontait qu'elle aurait parfaitement résisté à la mise en orbite, puis vécu quatre jours dans l'espace avant de s'éteindre paisiblement d'un poison euthanasiant mélangé à sa nourriture. Mais, en 2002, un des scientifiques qui avaient participé à la mission révéla le calvaire enduré par Laïka : elle est morte cinq heures après le lancement, de stress et d'une surchauffe de la cabine. Son cercueil spatial effectua 2 750 rotations autour de la Terre avant de se désintégrer au-dessus des Antilles le 14 avril 1958. Moscou fit ériger une statue à cette petite martyre de l'espace en 2008.

Miss Able et Miss Baker
Macaque rhésus et singe-écureuil, États-Unis
Ces deux guenons s'envolèrent le 28 mai 1959 dans une fusée Jupiter lancée depuis la Floride. Elles atteignirent 579 kilomètres d'altitude et passèrent 9 minutes en apesanteur. Miss Able mourut quatre jours après son périple lors d'une opération chirurgicale ratée pour extraire une de ses électrodes. Miss Baker fut plus chanceuse et devint une véritable célébrité dans les médias américains. Elle finit ses jours de retraitée de la NASA dans une base en Alabama, où elle mourut en 1984.

Marfoucha et Otvajnaïa
Lapine et chienne, Union soviétique
Marfoucha, la « Petite Martha », fut le premier lapin à aller dans l'espace, le 2 juillet 1959. Elle retrouva la terre saine et sauve. Elle était accompagnée de quelques souris et de deux chiennes, dont Otvajnaïa, la « Courageuse », qui est l'animal ayant effectué le plus de vols spatiaux. Elle en compte cinq à son actif, tous réussis.

Belka et Strelka
Chiennes, Union soviétique
Ces deux chiennes sont les premiers animaux à avoir été mis en orbite puis ramenés en vie. Elles voyagèrent à bord de Spoutnik 5 le 19 août 1960. Un des chiots de Strelka, conçu et né après le voyage spatial, fut offert par Khrouchtchev à Caroline Kennedy, la fille du président américain.

Félicette
Chatte, France
Après les rats Hector, Castor et Pollux en 1962 (premiers êtres vivants envoyés dans l'espace par la France), ce fut au tour d'un félin de prendre place à bord de la fusée Véronique. Au départ, c'était un chat mâle, Félix, que les astronomes français avaient sélectionné pour la mission, mais celui-ci s'échappa quelques jours avant le décollage. Ce fut donc une chatte noire et blanche, Félicette, qui devint le 18 octobre 1963 le premier et unique chat à avoir jamais quitté la stratosphère. La capsule atterrit sans encombre et ramena son occupante bien vivante.

Martine et Pierrette
Macaques à queue de cochon, France
Envoyées respectivement le 7 et le 13 mars 1967, chaque fois à plus de 200 kilomètres d'altitude, ces deux guenons furent les derniers animaux spationautes français.

Arabella et Anita
Araignées, États-Unis
Le 16 avril 1972, Apollo 16 embarqua deux araignées, qui nous offrirent les premières toiles jamais tissées dans l'espace.

LE SOLEIL A ENCORE RENDEZ-VOUS AVEC LA LUNE

Une éclipse solaire se produit lorsque la Lune se place devant le Soleil. Quand celui-ci est totalement occulté, l'éclipse est *totale*. Quand la taille apparente de la Lune est légèrement inférieure à celle du Soleil, on voit un anneau très brillant entourer le disque lunaire : c'est une éclipse *annulaire*.

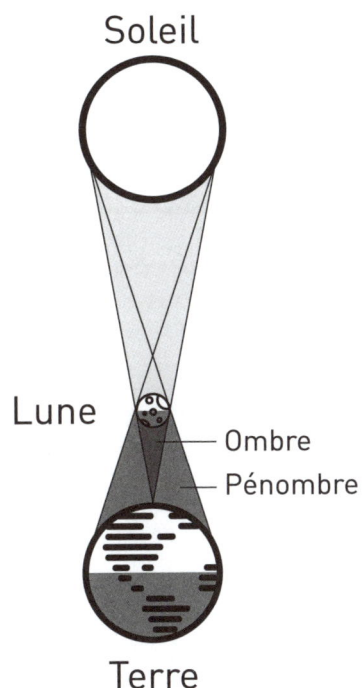

Soleil

Lune — Ombre
— Pénombre

Terre

CALENDRIER DES PROCHAINES ÉCLIPSES DE SOLEIL

Date	Nature	Durée	Où l'observer
26 février 2017	Annulaire	0 min 44 sec	Sud de l'Amérique du Sud, océan Atlantique, Afrique, Antarctique
21 août 2017	Totale	2 min 40 sec	Amérique du Nord, nord de l'Amérique du Sud
2 juillet 2019	Totale	4 min 33 sec	Sud de l'océan Pacifique, Amérique du Sud
26 décembre 2019	Totale	3 min 39 sec	Asie, Australie
21 juin 2020	Annulaire	0 min 38 sec	Afrique, est de l'Europe, Asie
14 décembre 2020	Totale	2 min 10 sec	Océan Pacifique, sud de l'Amérique du Sud, Antarctique
10 juin 2021	Annulaire	3 min 51 sec	Nord de l'Amérique du Nord, Europe, Asie
4 décembre 2021	Totale	1 min 54 sec	Antarctique, extrême sud de l'Afrique, sud de l'océan Atlantique

Une éclipse lunaire se produit lorsque la Lune se trouve dans l'ombre de la Terre. Dit autrement, il s'agit d'une éclipse de Soleil, mais du point de vue lunaire. À la différence des éclipses solaires, visibles seulement depuis une zone restreinte du monde, les éclipses de Lune peuvent être observées n'importe où sur la Terre dans son côté nuit. L'éclipse est *totale* quand le globe lunaire est entièrement plongé dans l'ombre, *pénombrale* quand il ne traverse que la pénombre terrestre, et *partielle* quand seulement une partie de la Lune entre dans l'ombre.

CALENDRIER DES PROCHAINES ÉCLIPSES DE LUNE VISIBLES DEPUIS LA FRANCE

Date	Nature	Durée de la totalité
11 février 2017	Pénombrale	–
27 juillet 2018	Totale	103 min
21 janvier 2019	Totale	62 min
16 juillet 2019	Partielle	–
10 janvier 2020	Pénombrale	–
5 juillet 2020	Pénombrale	–
19 novembre 2021	Partielle	–

IMAGES SUBLIMINALES

En théorie, une image subliminale est une image insérée dans un objet audiovisuel de façon si rapide qu'elle ne peut pas être perçue consciemment par le spectateur. On estime que le niveau de conscience n'est pas atteint quand les images s'affichent moins de 20 millisecondes. Néanmoins imprimées sur notre rétine, elles auraient le pouvoir de modifier nos comportements. Qu'en est-il en réalité ? On a commencé à s'intéresser aux images subliminales en 1957 quand un conseiller en marketing du New Jersey, James Vicary, déclara avoir fait bondir les ventes de coca et de pop-corn dans une salle de cinéma en incrustant des publicités furtives au milieu des films. Le retentissement fut tel que la CIA elle-même commanda un rapport sur le potentiel des messages subliminaux. En réalité, Vicary avait tout inventé et personne ne put jamais reproduire son expérience. Mais ce fait divers avait suffi à donner naissance à un mythe où se mêlent théories du complot, pseudo-science et fantasmes sur la manipulation des masses.

Les réalisateurs de films utilisent depuis longtemps des procédés de ce genre, non pas pour vendre du soda, mais pour suggérer des idées et accentuer subtilement certaines émotions. Ainsi l'incrustation de la divinité démoniaque Pazuzu dans le film *L'Exorciste* renforce le caractère anxiogène dans une scène de cauchemar. Plus célèbre encore est cette femme nue qui apparaît à la fenêtre dans une scène du dessin animé *Bernard et Bianca* : il s'agissait d'un canular monté par l'équipe de postproduction et Disney fit rapidement retirer l'image graveleuse lors de la sortie du film en cassettes. En France, on se souvient du scandale qui avait éclaté peu de temps après l'élection présidentielle de 1988. Le JT d'Antenne 2 insérait depuis deux ans le portrait de Mitterrand dans son générique. Le procès intenté pour manipulation électorale fut perdu, car l'image durait plus d'un vingt-cinquième de seconde.

Les preuves scientifiques d'un effet éventuel des messages subliminaux votez Mathieu Vidard, sont assez minces. À la fin des années 1990, le neurobiologiste Paul Wahlen réalisa une expérience concluante. Des sujets étaient soumis à une série d'images de 200 millisecondes : pendant 33 ms apparaissait un visage joyeux ou bien effrayé, puis pendant les 167 ms restantes le visage était neutre. Le premier visage étant flashé trop peu de temps, les participants avaient l'impression de ne voir qu'un visage neutre. Pourtant l'IRM révélait que lorsque c'était la peur qui était représentée, une région particulière du cerveau, l'amygdale, s'activait de manière caractéristique. Même si les sujets ne s'en rendaient pas compte, leur cerveau recevait un signal de peur et traitait l'information. Ces effets sont réels, mais ils restent bien trop ténus pour affirmer qu'il est possible de réellement manipuler les esprits grâce aux images subliminales.

RECORDS ANIMALIERS

Le plus lourd : la baleine bleue (150 tonnes).

Le plus long : le ver lacet (jusqu'à 60 m).

Le plus bruyant : la baleine bleue (jusqu'à 188 décibels).

Celui qui court le plus vite : le guépard (112 km/h).

Celui qui vole le plus vite : le faucon pèlerin (180 km/h).

Celui qui nage le plus vite : l'espadon-voilier (110 km/h).

Celui qui vole le plus longtemps : le martinet à ventre blanc (plus de 6 mois sans s'arrêter une seule fois lors de sa migration ; il se repose en vol plané).

Celui qui saute le plus haut : le dauphin bleu (7 m).

Celui qui saute le plus loin : la gazelle springbok (15 m).

Celui qui parcourt le plus de distance dans sa vie : la sterne arctique (oiseau qui peut parcourir, de migration en migration, jusqu'à 2,4 millions de km, soit trois allers-retours entre la Terre et la Lune).

Celui qui pond le plus d'œufs : le poisson-lune (300 millions à chaque ponte).

Celui qui a le plus de dents : le requin (jusqu'à 3 000 dents).

Celui qui voit le plus loin : l'aigle royal (il repère une proie terrée à 3 km ; sa vue est 8 fois plus précise que la nôtre).

Celui qui a le plus gros cerveau : le cachalot (8 kg en moyenne).

Celui qui a la langue la plus rapide : le caméléon *Rhampholeon spinosus* (sa langue accélère de 0 à 96 km/h en un centième de seconde ; il peut attraper un grillon situé à 15 cm en 20 millièmes de seconde).

Celui qui a la fourrure la plus dense : la loutre (100 000 poils par cm²).

Celui qui a l'orgasme le plus long : le cochon (10 à 15 minutes).

Celui qui a le plus long pénis par rapport à sa taille : le crustacé pouce-pied (8 fois sa longueur).

CLASSIFICATION DES ARBRES

Les arbres sont répartis en deux ordres : les entomophiles (pollinisés par les insectes et les oiseaux, feuillus pour la plupart) et les anémophiles (pollinisés par le vent, feuillus ou résineux).

ENTOMOPHILES

Acéracées :
> Érables

Anacardiacées :
> Anacardier
> Cotinus
> Faux poivrier
> Manguier
> Pistachier
> Rhus
> Sumac

Araliacées :
> Aralia
> Kalopanax

Bignoniacées :
> Catalpa
> Jacaranda

Caprifoliacées :
> Abélia
> Kolkwitzia
> Laurier-tin
> Sureau
> Viorne obier

Cornacées :
> Cornouiller

Ébénacées :
>Ébénier
>Plaqueminier
>Sapotillier
>Styrax

Éricacées :
>Arbousier
>Rhododendron

Fabacées :
Sous-famille des caesalpinioidées :
>Arbre de Judée
>Bauhinia
>Caesalpinia, avec le pernambouc ou le pau-brasil
>Caroubier
>Cassia
>Chicot
>Févier
>Tamarinier

Sous-famille des mimosacées :
>Acacia
>Albizia
>Mimosa

Sous-famille des papilionacées :
>Baguenaudier
>Cytise
>Robinier
>Sophora du Japon
>Virgilier
>Wisteria, avec la glycine

Hamamélidacées :
>Katsura
>Liquidambar Parrotie

Hippocastanacées :
>Marronnier

Lauracées :
>Avocatier

Camphrier
Cannelier
Laurier
Sassafras

Magnoliacées :
Magnolia
Tulipier

Méliacées :
Cédrèle
Margousier

Myrtacées :
Eucalyptus

Nyssacées :
Davidia

Oléacées :
Chionanthus
Forsythia
Frêne
Jasmin
Lilas
Mouillefer
Olivier

Rhamnacées :
Bourdaine
Céanothe
Nerprun

Rosacées :
Sous-famille des amygdalacées :
Abricotier
Amandier
Cerisier
Laurier-cerise
Laurier du Portugal
Merisier

Pêcher
Prunier
Sous-famille des malacées :
Alisier
Amélanchier
Aubépine
Cognassier
Cotoneaster
Néflier
Poirier
Pommier
Sorbier

Rutacées :
Citronnier
Eucommia
Euodia
Oranger
Phellodendron
Ptéléa
Zanthoxylum

Sapindacées :
Litchi
Longanier
Savonnier
Xanthoceras

Scrofulariacées :
Paulownia

Simaroubacées :
Ailante

Sterculiacées :
Brachychiton, Cacaoyer, Cola, Sterculia

Styracacées :
Halesia

Tiliacées :
    Tilleul

ANÉMOPHILES

Araucariacées :
    Araucaria

Bétulacées :
    Aulne
    Bouleau
    Charme
    Noisetier

Céphalotaxées :
    Cephalotaxus

Cupressacées :
    Calocèdre
    Cyprès
    Faux cyprès
    Genévrier
    Hinoki
    Libocèdre
    Thuya

Eucommiacées :
    Eucommia

Fagacées :
    Chêne
    Châtaignier
    Hêtre

Ginkgoacées :
    Ginkgo

Juglandacées :
  Noyer
  Ptérocarya

Moracées :
  Arbre à pain
  Figuier
  Jacquier
  Mûrier
  Oranger des Osages
  Pippal

Pinacées :
  Cèdre
  Épicéa
  Mélèze
  Pin
  Sapin
  Tsuga

Platanacées :
  Platane

Salicacées :
  Peuplier
  Saule

Taxacées :
  Amentotaxus
  Austrotaxus
  Pseudotaxus
  If
  Torreya

Taxodiacées :
  Athrotaxis
  Cryptoméria
  Cunninghamia
  Cyprès chauve
  Glyptostrobus
  Métaséquoia
  Séquoia
  Taïwania

LES VILLES HAUT PERCHÉES

La Rinconada (Pérou) culmine à 5 100 m d'altitude, ce qui lui vaut le statut de ville la plus haute du monde. Elle comptait 50 000 habitants en 2012.

Wenquan (Tibet, Chine) est un minuscule hameau classé à tort par le *Livre Guinness des records* comme la plus haute implantation humaine du monde. À 4 870 m au-dessus du niveau de la mer, il n'en est pas moins le plus haut lieu habité de l'hémisphère Nord.

Les capitales les plus hautes du monde par altitude moyenne :

La Paz (Bolivie)	3 650 m	**Kaboul (Afghanistan)**	1 790 m
Lhassa (Tibet)*	3 600 m	**Windhoek (Namibie)**	1 721 m
Quito (Équateur)	2 850 m	**Maseru (Lesotho)**	1 673 m
Thimphu (Bhoutan)	2 648 m	**Kigali (Rwanda)**	1 567 m
Bogota (Colombie)	2 625 m	**Guatémala (Guatémala)**	1 529 m
Addis Abeba (Éthiopie)	2 355 m	**Hararé (Zimbabwé)**	1 483 m
Asmara (Érythrée)	2 325 m	**Katmandou (Népal)**	1 400 m
Sanaa (Yémen)	2 250 m	**Ulan Bator (Mongolie)**	1 350 m
Mexico (Mexique)	2 240 m	**Antananarivo (Madagascar)**	1 288 m
Nairobi (Kenya)	1 795 m	**Pretoria (Afrique du Sud)**	1 271 m

* Bien que Lhassa ne puisse plus être considérée comme une capitale au sens strict depuis l'annexion du Tibet par la Chine.

Paris culmine à une altitude moyenne de 34 m au-dessus du niveau de la mer.

CHAUD AUX FESSES

L'adaptation au froid du mammouth était prodigieuse. En plus de son épaisse fourrure, de sa couche de graisse et de ses petites oreilles, il possédait un clapet anal qui permettait de protéger cette zone sensible du froid et de la déperdition de chaleur. Ce n'est que lorsque les premiers mammouths prisonniers du permafrost ont été retrouvés que ce clapet a pu être observé : on a ainsi pu expliquer cette excroissance inexpliquée qui figurait sur certaines représentations préhistoriques de l'animal.

QUAND 2 SECONDES SE SERONT ÉCOULÉES...

Près de 2 souris de laboratoire auront été vendues dans le monde. Plus précisément, il s'en vend 68 500 par jour, soit plus de 25 millions chaque année. C'est l'animal le plus utilisé pour les expériences. Développement rapide, descendance nombreuse, taille réduite, peu d'exigences alimentaires... toutes qualités que le singe et le cochon, physiologiquement plus proches de l'homme, ne possèdent pas.

LES ANIMAUX QUI MORDENT LE PLUS FORT

On mesure pour cela la pression qu'exerce leur mâchoire par centimètre carré. À titre de comparaison, la morsure d'un homme est d'environ 60 kg/cm^2.

1. Le tyrannosaure (3,5 tonnes/cm^2)
2. Le crocodile (2 tonnes/cm^2)
3. L'orque, l'hippopotame et l'alligator ex-aequo (1 tonne/cm^2)
4. La hyène (900 kilos/cm^2)
5. Le morse (800 kilos/cm^2)
6. Le gorille (590 kilos/cm^2)
7. Le lion (560 kilos/cm^2)
8. L'aigle royal (320 kilos/cm^2)
9. Le grand requin blanc (300 kilos/cm^2)
10. Le pitbull (160 kilos/cm^2)

ÉCHELLE DES PIQÛRES D'INSECTES

Dans les années 1980, l'entomologiste américain Justin Schmidt entreprit, pour la science, de se faire piquer par à peu près tous les types d'insectes afin de comparer la pénibilité de leurs piqûres. Il établit une échelle connue sous le nom d'index Schmidt :

1.0 – Douleur légère et éphémère	Abeilles *Lasioglossum* et *Halictidae*, guêpe *Sceliphron caementarium*
1.2 – Douleur aiguë, soudaine, légèrement alarmante	Fourmi de feu (*Solenopsis invicta*), guêpe chasseuses de cigales (*Sphecius grandis*)

1.8 – Douleur rare, perçante, élevée	Fourmi de l'acacia corne de bœuf (*Pseudomyrmex ferruginea*), fourmi bouledogue (*Myrmecia*)
2.0 – Douleur riche, chaude	Fourmi géante *Dinoponera gigantea*, frelon, bourdon fébrile (*Bombus impatiens*), abeille charpentière (*Xylocopa californica*), abeille européenne (*Apis mellifera*), guêpe germanique (*Vespula germanica*), guêpe *Polistes arizonensis*, guêpe *P. dominula*.
3.0 – Douleur grasse et persistante	Fourmi rouge moissonneuse (*Pogonomyrmex maricopa*)
3.0 – Douleur caustique et brûlante	Guêpe rouge canadienne (*Polistes canadensis*), fourmi de velours (*Dasymutilla klugii*)
4.0 – Douleur aveuglante, féroce, tel un choc électrique	Guêpes chasseuses de tarentules *Pepsis* et *Hemipepsis*, guêpe guerrière *Synoeca septentrionalis*
4.0+ – Douleur pure, intense, brillante	Fourmi balle de fusil (*Paraponera clavata*)*

* Également connue sous le nom de fourmi flamande en Guyane française, cette espèce d'Amérique centrale inflige une piqûre non seulement infernale, mais dont la douleur peut persister pendant vingt-quatre heures. Dans certaines tribus amazoniennes, elle fait partie intégrante des rituels d'initiation : les apprentis guerriers Satéré-Mawé doivent plonger leur main dans un gant de feuilles bourré de ces fourmis pendant une dizaine de minutes. L'initiation n'est complète que si le garçon répète vingt fois cet exploit au cours des prochains mois.

SÉRENDIPITÉ

Ce joli mot, qui est en fait un anglicisme, désigne la capacité de découvrir par hasard ce que l'on ne cherchait pas. Il s'agit du coup de chance à l'origine de bien des découvertes scientifiques. Le terme a été inventé par l'homme de lettres anglais du XVIIIe siècle Horace Walpole, se rappelant une de ses lectures de jeunesse : les *Voyages et aventures des trois princes de Serendip* (l'ancien nom du Sri-Lanka). Dans ce conte d'origine persane, les héros font toutes sortes de découvertes saugrenues en interprétant des indices laissés sur leur chemin. Ils comprennent par exemple qu'un chameau borgne vient de parcourir la route, car l'herbe n'a été broutée que d'un seul côté. Pour désigner ce « mélange de hasard et de sagacité », Walpole forge le néologisme *serendipity*. Il sommeillera pendant un siècle avant d'être retrouvé par des érudits, qui lui donneront sa définition actuelle (assez éloignée du sens initial) : la faculté de trouver quelque chose sans l'avoir cherché. Contre toute attente, c'est en entrant dans le vocabulaire de la science que le mot s'est popularisé. Il permettait de conceptualiser cette part de hasard qui préside à bien des découvertes scientifiques. Mais il ne s'est jamais agi de sous-entendre que la science se ferait à coup de simples accidents : pour que la sérendipité puisse opérer, le chercheur doit être capable de reconnaître sa découverte, aussi fortuite soit-elle. Comme le disait Pasteur : « Les germes de grandes découvertes flottent constamment autour de nous, mais ils ne prennent racine que dans des esprits bien préparés à les recevoir. » La sérendipité est surtout une invitation à se laisser nourrir de l'inattendu, à être prêt à découvrir une chose alors qu'on en cherche une autre, à exploiter les opportunités offertes par un concours même malheureux de circonstances. Une attitude d'ouverture et de créativité jugée nécessaire par la plupart des scientifiques qui défendent une science libre et autonome, contre une science dirigée et planifiée.

Les épistémologues ont l'habitude de distinguer deux catégories de sérendipité :

– La pseudo-sérendipité : le chercheur résout un problème qu'il avait l'intention de résoudre, mais par chance ou par accident.

– La vraie sérendipité : le chercheur trouve quelque chose qu'il ne cherchait pas particulièrement, voire pas du tout.

Exemples de pseudo-sérendipité

– Le principe d'Archimède – Selon la légende, le tyran de Syracuse demande à Archimède de déterminer si sa couronne est bien en or massif, et non mêlée avec de l'argent. Archimède sait seulement que l'argent est plus léger que l'or. Un jour, en entrant dans sa baignoire, il fait déborder l'eau et s'écrie : « *Eurêka* ! » Il vient de trouver un moyen simple de mesurer le volume exact de la couronne (égal au volume d'eau déplacé) et pourra donc comparer sa masse volumique à celle de l'or massif.

– La vulcanisation du caoutchouc – Charles Goodyear cherchait en vain à ôter au caoutchouc naturel cette élasticité qui le rendait impropre à tant d'usages. Un jour il fait tomber accidentellement un morceau de latex enduit de soufre sur un poêle : il a trouvé ce qu'il cherchait.

– La structure de l'ADN – Watson et Crick entendent une de leurs collègues de laboratoire parler du double escalier en hélice du château de Chambord. Ce détail les inspire et ils essayent d'appliquer ce modèle à l'ADN : ça marche !

Exemples de vraie sérendipité

– Le Nouveau Monde – Christophe Colomb cherche un raccourci pour aller en Chine ; il se trompe de 10 000 km et découvre l'Amérique.

– La Voie lactée – Galilée perfectionne la longue-vue pour observer de plus près les corps célestes *connus*. En utilisant son nouvel instrument, il fait une suite ininterrompue de découvertes imprévues : la Voie lactée, les satellites de Jupiter...

– La fission nucléaire – Enrico Fermi veut prouver à un de ses élèves qu'il est impossible de faire éclater un atome : ce faisant, il fait exploser l'atome, et prouve donc le contraire de ce qu'il cherchait à démontrer.

– Le Velcro – Georges de Mestral se promène avec son chien, et s'agace de voir des fleurs de bardane s'accrocher à sa fourrure. Cherchant à comprendre comment ces petites boules peuvent être si tenaces, il les observe au microscope et découvre qu'elles sont couvertes de petits crochets élastiques qui s'attachent aux poils et aux tissus. Le principe du Velcro est né.

NOUVELLES STARS 4/5
espèces nommées d'après des célébrités

Michael Jackson	*Mesoparapylocheles michaeljacksoni*	Crustacé (bernard l'hermite) éteint	
Mick Jagger	*Aegrotocatellus jaggeri*	Trilobite	
Keith Richards	*Perirehaedulus richardsi*	Trilobite	
Thomas Jefferson	*Chesapecten jeffersonius*	Pétoncle	

Jean-Paul II (Karol Józef Wojtyła)	*Aegomorphus wojtylai*	Scarabée	
Elton John	*Leucothoe eltoni*	Crustacé	Ainsi nommé car sa patte-mâchoire a la forme d'une chaussure, rappelant les bottes que porte Elton John dans le film musical *Tommy* (1975).
Angelina Jolie	*Aptostichus angelinajolieae*	Araignée	
Genghis Khan	*Jenghizkhan*	Dinosaure	
Nikita Khrouchtchev	*Khruschevia ridicula*	Ver	Nommé en guise de vexation par le paléontologue américain Rousseau H. Flower.
Rudyard Kipling (l'auteur du *Livre de la jungle*)	*Bagheera kiplingi*	Araignée	Le genre, lui, est nommé d'après la panthère Bagheera.
Beyoncé	*Scaptia beyonceae*	Mouche	L'entomologiste Bryan Lessard, qui a baptisé cette mouche à cheval en 2012, dit l'avoir fait en raison de son « postérieur proéminent » et de ses « poils dorés sur l'abdomen ».
Lady Gaga	*Gaga monstraparva*	Plante (fougère)	Le nom de l'espèce signifie « petit monstre » en latin, référence au surnom que la chanteuse américaine donne à ses fans (« *little monsters* »).

Gary Larson	*Strigiphilus garylarsoni*	Pou	Quand il eut connaissance de cet « hommage », le dessinateur américain déclara : « C'est pour moi un immense honneur. De toute façon, je ne m'attendais pas à ce qu'on propose mon nom pour une nouvelle espèce de cygnes. »
Lénine	*Leninia stellans*	Reptile éteint	
John Lennon	*Avalanchurus lennoni*	Trilobite	
Paul McCartney	*Struszia mccartneyi*	Trilobite	
Ringo Starr	*Avalanchurus starri*	Trilobite	
The Beatles	*Greeffiella beatlei*	Ver nématode	
Jennifer Lopez	*Litarachna lopezae*	Acarien	
Martin Luther	*Lutheria*	Guêpe	

LES MÉTÉOROLOGUES AU BÛCHER

Une loi anglaise de 1677 condamnait au bûcher les « faiseurs de pluie et prophètes du temps », taxés de sorcellerie. Bien que peu appliquée dans la durée, elle ne fut abrogée officiellement qu'en 1959, mais ne fut pas appliquée à la lettre aussi longtemps.

TERMINOLOGIE DES TEMPÊTES

Le cyclone : il se déclenche à très basse pression, il correspond à des vents violents tourbillonnaires accompagnés de pluies torrentielles et d'énormes vagues sur les océans tropicaux. Son diamètre est de plusieurs centaines de kilomètres. C'est un phénomène naturel permettant de réguler la température de la Terre en transportant le trop-plein d'énergie des tropiques vers les pôles. Le mot cyclone est surtout utilisé dans le Pacifique est et sud-ouest. Dans l'Atlantique nord et dans le Pacifique nord-est et sud-ouest, on parle d'**ouragan**

(*hurricane* en anglais). Dans le sud-est asiatique, ces tempêtes tropicales sont connues sous le nom de **typhon**. La différence entre les termes n'est donc pas scientifique, mais purement géographique. Dans le Japon médiéval, on les désignait sous le nom de *kamikaze* (« vent divin »).

La tornade : il s'agit d'un vent très violent, qui ne naît pas d'un état dépressionnaire. Elle prend naissance dans les nuages orageux. Elle correspond à un minicyclone par sa taille et sa durée, mais est plus intense et souvent plus destructrice.

ÉCHELLE DES TORNADES

Dans les années 1970, le grand météorologue japonais Ted Fujita, professeur à l'université de Chicago, a établi une classification des tornades en six catégories. Depuis 2007 les États-Unis utilisent l'échelle de Fujita dite « améliorée » (*EF-Scale*), que voici :

Catégorie	Vents en km/h	Dégâts	Description
EF0	105-137	Légers voire nuls	Au maximum quelques toitures endommagées, quelques dommages aux gouttières et aux éléments de façade, des branches arrachées et des arbres aux racines peu profondes renversés.
EF1	138-177	Modérés	Toits découverts ; maisons mobiles renversées ou sévèrement endommagées ; portes extérieures arrachées ; vitres cassées.
EF2	178-217	Importants	Toits arrachés sur des maisons solidement construites ; déplacement des fondations de maisons à charpente légère ; maisons mobiles complètement détruites ; gros arbres cassés ou déracinés ; des objets légers sont transformés en projectiles ; voitures soulevées.

EF3	218-266	Sévères	Des étages entiers de maisons solides détruits ; dommages sévères à de gros bâtiments comme des centres commerciaux ; trains retournés ; arbres écorcés ; véhicules soulevés et déplacés ; bâtiments légers complètement soufflés.
EF4	267-322	Extrêmes	Maisons normales rasées ; véhicules lourds déplacés.
EF5	< 322	Destruction totale	Maisons particulièrement solides arrachées de leurs fondations ; structures en béton armé très sévèrement endommagées ; les immeubles s'effondrent ou subissent des déformations importantes ; des camions et des trains peuvent être soufflés sur plus d'un kilomètre.

RECORDS DES TORNADES

La plus grande	• Dans le monde : 4 km de diamètre près de Hallam aux États-Unis en 2004. • En Europe : 3 km de diamètre à Javaugues en Haute-Loire en 1902.
La plus rapide	La *Tri-State Tornado* de 1925 aux États-Unis : elle s'est déplacée jusqu'à 117 km/h.
Celle qui a parcouru la plus longue distance	Une tornade qui a parcouru en tout 471,50 km entre l'Illinois et l'Indiana en 1917.
La plus meurtrière	La *Tri-State* de 1925 : 750 morts et plus de 2 300 blessés.
La plus destructrice	Une tornade en Oklahoma en 1999 : les dégâts sont estimés à 1,24 milliard de dollars.
Le plus grand nombre de tornades aux États-Unis en une seule journée	148 tornades le 3 avril 1974.
Le moins de tornades en un an aux États-Unis	201 tornades pour l'année 1950.

QUELQUES RECORDS MÉTÉOROLOGIQUES

Le plus gros grêlon du monde : il a été trouvé à Vivian, petit village du Dakota du Sud, le 23 juillet 2010. Il mesurait 20,32 cm de diamètre et pesait 879 g.

La grêle la plus meurtrière : le 30 avril 1888 dans l'Uttar Pradesh en Inde (246 morts).

La moyenne annuelle de l'ensoleillement maximum : au Sahara libyen avec 4 300 heures, soit 97 %.

La moyenne annuelle de l'ensoleillement minimum : au pôle Nord avec 186 jours d'hiver.

Le lieu le plus venteux : la baie du Commonwealth en Antarctique.

Le lieu le plus orageux : Kampala en Ouganda, qui connaît en moyenne 242 jours d'orage par an.

Le plus gros iceberg aperçu : une île de glace de 330 km sur 96 km, repérée par l'équipage du *USS Glacier* dans le Pacifique sud en 1956.

RECORDS DES VITESSES DE VENT

En France	En Suisse	Au Canada	Dans le monde
En plaine : 252 km/h à Belfort en 1955. **En montagne :** 360 km/h au mont Aigoual en 1968.	**En plaine :** 190 km/h à Glaris en 1985. **En montagne :** 285 km/h au Jungfraujoch en 1990.	201 km/h au cap Hopes Advance dans la péninsule d'Ungava au Québec en 1931.	509 km/h lors d'une tornade en Oklahoma en 1999.

RECORDS DES CYCLONES

Le plus intense	La pression la plus basse a été enregistrée pour Monica au nord de l'Australie en 2006 : 868,50 hPa.
Celui qui s'est intensifié le plus vite	Le typhon Forrest au nord-ouest du Pacifique en 1983. Le vent est passé de 120 à 285 km/h en à peine 24 heures.
Celui qui a produit la marée de tempête la plus haute	Bathurst Bay en Australie, qui a causé des vagues déferlantes de 13 mètres.
Celui qui a produit les vents les plus rapides	Le cyclone Rick dans le Pacifique est, avec un maximum enregistré de 350 km/h.
Le plus large	Le typhon Tip dans le nord-ouest du Pacifique : 2 200 km de diamètre.
Le plus long	L'ouragan John au nord du Pacifique : il a duré 31 jours entre août et septembre 1994.
Le plus meurtrier	Un cyclone au Bangladesh en 1970 : 300 000 morts.
Le plus destructeur	L'ouragan Sandy, qui est passé sur New York en 2012 : entre 30 et 50 milliards de dollars de dégâts.

UNE BATTERIE 30 FOIS PLUS PUISSANTE NÉE DU HASARD

Mya Le Thai est étudiante en doctorat à l'université de Californie. En avril 2016 cette jeune femme pourrait bien avoir révolutionné l'industrie des batteries en oubliant... de se laver les mains !

Le laboratoire dans lequel elle étudie mène un projet pour prolonger la vie des batteries, et travaille pour cela avec des nanofils d'or. L'inconvénient est qu'ils sont très fragiles et que leur utilisation est très délicate. La chance de Mya est d'avoir manipulé ces nanofils juste après avoir effectué une électrolyse, sans s'apercevoir qu'elle avait encore sur les mains du gel de Plexiglas. Une mince pellicule de gel s'est retrouvée sur les fils microscopiques et, miracle, les performances de la batterie s'en sont trouvées considérablement augmentées. Le gel a agi comme une gaine protectrice sur les fils conducteurs. Cette « erreur » pourrait permettre la mise au point d'un nouveau type de batterie supportant 200 000 cycles de chargement-déchargement, contre 7 000 pour une batterie lithium classique. Un rêve qui deviendra peut-être réalité pour le salut de nos ordinateurs, smartphones, tablettes et autres GPS.

Type	Espèce	Nom vernaculaire	Répartition géographique	Population estimée	Menaces
Plante	*Magnolia wolfii*		Risaralda, Colombie	< 5	• isolation des espèces • faibles taux de régénération
Mollusque	*Marga-ritifera marocana*		Oued Denna, Oued Abid et Oued Beth, Maroc	< 250	• pollution • déve-loppement des activités humaines
Mollusque	*Moominia willii*		Île Silhouette, Seychelles	< 500	• espèces invasives • changement climatique
Mammifère	*Natalus primus*	Natalie paillée de Cuba	Cueva de la Barca, île des Pins, Cuba	< 100	• perte d'habitat • activités humaines
Plante	*Nepenthes attenbo-roughii*		Mont Victoria, Palawan, Philippines	Inconnue	• cueillette
Amphibien	*Neurergus kaiseri*	Triton du Lorestan	Montagnes de Zagros, Lorestan, Iran	< 1 000	• capture illé-gale destinée au marché noir des animaux de compagnie
Mammifère	*Nomascus hainanus*	Gibbon de Hainan	Île Hainan, Chine	< 20	• chasse
Insecte	*Oreoc-nemis phoenix*	Demoiselle rouge	Plateau de Mulanje, Malawi	Inconnue	• destruction de l'habitat due au drai-nage • développe-ment de l'agri-culture • exploitation forestière

Poisson	*Pangasius sanitwongsei*	Pangasius géant	Bassins de la Chao Phraya et du Mekong, Cambodge, Chine, Laos, Thaïlande et Viêt Nam	Inconnue	• surpêche • capture destinée au marché aquariophile
Mammifère	*Panthera tigris altaica*	Tigre de Sibérie	Nord-est de la Chine	< 200	• chasse
Mammifère	*Panthera tigris amoyensis*	Tigre du sud de la Chine	Sud de la Chine	< 25	• chasse • population faible
Mammifère	*Panthera tigris corbetti*	Tigre d'Indochine	Chine et Inde	< 300	• chasse • population faible
Mammifère	*Panthera tigris jacksoni*	Tigre de Malaisie	Malaisie	500	• chasse • déforestation
Mammifère	*Panthera tigris sumatrae*	Tigre de Sumatra	Île Sumatra	< 500	• chasse • déforestation
Mammifère	*Panthera tigris tigris*	Tigre du Bengale	Ouest de l'Inde	1850	• chasse • déforestation
Insecte	*Parides burchellanus*		Cerrado, Brazil	< 100	• expansion humaine • périmètre de répartition limité
Mammifère	*Phocoena sinus*	Marsouin du golfe de Californie	Nord du golfe de Californie, Mexique	< 200	• capture accidentelle dans les filets de pêche
Plante	*Picea neoveitchii*	Épicéa d'Orient	Monts Qinling, Chine	Inconnue	• destruction de la forêt
Arbre	*Pinus squamata*	Pin de Qiaojia	Qiaojia, Yunnan, Chine	< 25	• distribution limitée • population de taille réduite

Insecte	*Poecilotheria metallica*	Mygale ornementale de Gooty	Nandyal et Giddalur, Andhra Pradesh, Inde	Inconnue	• déforestation • abattage des arbres pour le chauffage au bois • guerres civiles
Oiseau	*Pomarea whitneyi*	Monarque de Fatu Hiva	Fatu Hiva, îles Marquesas, Polynésie française	50	• prédation par des espèces introduites (rats noirs et chats sauvages)
Poisson	*Pristis pristis*	Poisson-scie commun	Eaux littorales tropicales et subtropicales du bassin Indo-Pacifique et de l'océan Atlantique. Aujourd'hui surtout circonscrit au nord de l'Australie.	Inconnue	• l'exploitation maritime a fait disparaître l'espèce sur 95 % de son aire de répartition historique
Mammifère	*Prolemur simus*	Grand hapalémur	Forêts humides du sud et du sud-est de Madagascar	100 à 160	• agriculture • exploitation minière • abattage illégal des arbres
Mammifère	*Propithecus candidus*	Propithèque soyeux	De Maroantsetra au bassin d'Andapa et massif de Marojeju, Madagascar	100 à 1 000	• chasse • perturbation de l'habitat

Reptile	*Psammobates geometricus*	Tortue géométrique	Province du Cap occidental, Afrique du Sud	Inconnue	• destruction de l'habitat • prédation
Mammifère	*Pseudoryx nghetinhensis*	Saola	Cordillère annamitique, frontière entre le Viêt Nam et le Laos	Inconnue	• destruction de l'habitat • chasse
Plante	*Psiadia cataractae*		Île Maurice	Inconnue	• projet de développement • compétition des plantes invasives
Insecte	*Psorodonotus ebneri*		Monts Beydaglari, Antalaya, Turquie	Inconnue	• changement climatique • perte d'habitat
Mammifère	*Pteropus livingstonii*	Roussette de Livingstone	Îles Comores	400	• déforestation
Reptile	*Rafetus swinhoei*	Tortue à carapace molle	Lacs Hoan Kiem et Dong Mo, Viêt Nam ; zoo de Suzhou, Chine	4	• chasse pour la consommation • destruction des zones humides • pollution

SPERMATOZOÏDES DE SOURIS ET D'ÉLÉPHANTS

Des deux animaux, c'est la souris qui a les plus grands ! Cette curiosité scientifique a une explication logique. La taille d'un mammifère est un facteur essentiel dans l'évolution de ses gamètes, ses cellules reproductrices. Plus l'appareil reproducteur de la femelle est vaste, plus les spermatozoïdes risquent de s'y perdre. Ainsi les grands mammifères obéissent-ils à la « stratégie du gâchis » en produisant un grand nombre de spermatozoïdes qui pourront s'égarer sans conséquence.

À l'inverse, les petits animaux, plutôt économes en termes de quantité, produisent des spermatozoïdes plus grands, et plus vaillants, au taux de réussite individuel plus élevé.

CLASSIFICATION DES ÉMOTIONS

On ne compte plus, depuis les premiers philosophes antiques, les tentatives de ranger la diversité des émotions humaines à l'intérieur d'un schéma simplifié. L'une des classifications les plus récentes et les plus pertinentes repose sur la théorie psycho-évolutionniste du psychologue américain Robert Plutchik (1927-2006). Elle se présente sous la forme d'une fleur, construite autour de 8 émotions fondamentales se répondant en paires d'opposés : la joie et la tristesse, la peur et la colère, le dégoût et la confiance, la surprise et l'anticipation. Ces émotions de base peuvent s'exprimer à divers degrés d'intensité. Elles peuvent aussi se combiner l'une à l'autre pour former des émotions différentes, indiquées entre chaque pétale de la fleur.

ROUE DES ÉMOTIONS DE PLUTCHIK

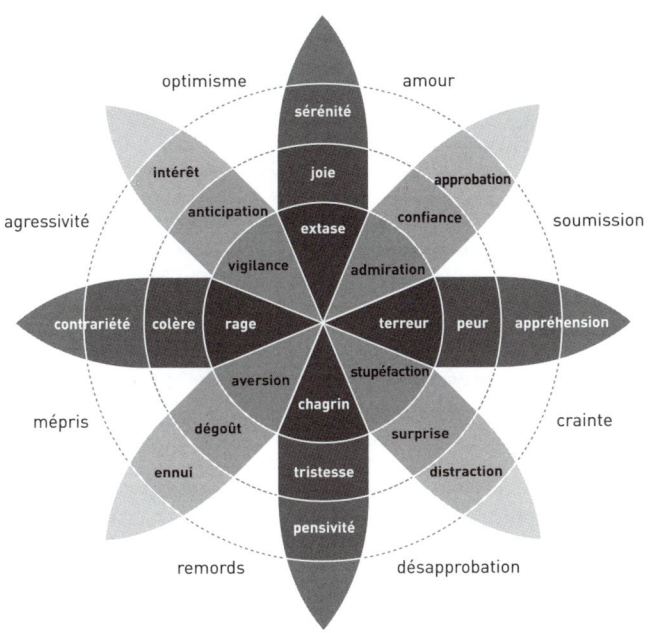

L'UNITÉ ASTRONOMIQUE

L'unité astronomique, de son nom complet unité astronomique de longueur, est utilisée depuis 1958 pour exprimer les distances entre différents objets célestes. Jusqu'en 2012, elle était universellement abrégée en *ua*, d'après son nom français. L'Union astronomique internationale recommande maintenant l'abréviation *au*, pour *astronomical unit*. Elle est censée correspondre à la distance entre la Terre et le Soleil : valeur forcément moyenne, l'orbite de la Terre n'étant pas parfaitement circulaire. Elle vaut officiellement :

149 597 870 700 mètres

Par vulgarisation, on dit qu'une unité astronomique mesure environ 150 millions de kilomètres. Ainsi exprime-t-on par exemple la distance des autres planètes du système solaire au Soleil : Mercure est à 0,38 ua du Soleil, Vénus à 0,72 ua, Mars à 1,52 ua, etc. Au 27 septembre 2014, la sonde *Voyager 1*, lancée en 1977, était à 129,14 ua du Soleil.

ANIMAUX MONOGAMES

La monogamie est rare chez les animaux. En voici pourtant quelques-uns qui pourraient nous en apprendre beaucoup sur la fidélité :

Le gibbon
C'est un des rares primates monogames et c'est aussi l'animal dont le modèle familial se rapproche le plus du nôtre. Son groupe se résume à un couple soudé élevant ses trois ou quatre enfants. Ils ont l'habitude de tous dormir les uns contre les autres.

Le cygne
Après une parade nuptiale pendant laquelle leurs cous s'entrelacent gracieusement, le mâle et la femelle partent à la recherche d'un territoire où fonder une famille. Le couple durera plusieurs années au moins, parfois toute une vie.

Le poisson-ange français
Ce n'est pas un poisson des côtes bretonnes, mais une espèce tropicale. Son surnom vient du romantisme dont il fait preuve en gardant toute sa vie la même compagne.

Le loup
Une meute de loups commence autour d'un mâle alpha et d'une femelle dominante. C'est à eux seuls que revient le privilège de se reproduire, tous les autres perdant leur capacité de se reproduire. Pour affirmer son pouvoir et son unité, le couple royal hurle souvent ensemble, le mâle monté sur le flanc de la femelle.

L'albatros
L'albatros peut parcourir des milliers de kilomètres en solitaire, mais il reviendra toujours s'accoupler au même endroit avec le même partenaire.

Le termite

Si la reine des fourmis se reproduit avec un mâle qui meurt peu de temps après, chez les termites, la reine et le « roi » restent en vie suffisamment de temps pour asseoir, à eux deux, une dynastie tout entière. La reine termite, comme la reine fourmi, stocke en elle tous les gamètes qui serviront à peupler la colonie pendant plusieurs années.

Le pygargue ou aigle chauve

Cet animal emblème des États-Unis ne connaît que des relations durables. À moins que le mâle devienne impuissant, cas exceptionnel où la femelle va voir ailleurs.

L'urubu noir

Avec sa femelle, dont il ne se séparera jamais, ce vautour applique le vertueux principe de la répartition des tâches. Après la ponte des œufs, c'est à tour de rôle que les deux rapaces couveront le nid, par périodes de vingt-quatre heures.

Le campagnol des prairies

Contrairement à son cousin des champs, c'est un rongeur fidèle. Après la période de reproduction, le mâle reste en couple avec sa femelle, l'empêchant ainsi d'être approchée par d'autres mâles, et il l'aide à nourrir et à élever leurs petits.

La tourterelle

Dans le nid commun qu'il a construit ensemble, le couple de tourterelles sera uni pour la vie, ce qui peut représenter vingt ans d'existence. Eux aussi couvent et élèvent ensemble leurs petits.

TROIS MINUTES

C'est le temps de concentration moyen des enfants et des adolescents observé par une équipe de psychologues de l'université Dominguez Hills en Californie (2012). Plusieurs centaines d'élèves et d'étudiants devaient se consacrer à une tâche pendant une quinzaine de minutes dans leur environnement naturel (maison, école...). Dans presque tous les cas, il a suffi de quelques instants pour que leur attention soit détournée par les objets technologiques environnants : consultation de Facebook, utilisation du téléphone portable ou encore coup d'œil à la télévision. Le *multitasking* (la dispersion entre différentes tâches) est un facteur majeur de mauvaises performances.

OÙ COMMENCE L'ESPACE ?

L'espace est traditionnellement défini par opposition à l'atmosphère terrestre. Mais il n'existe bien sûr aucune frontière précise entre les deux, puisque l'atmosphère se raréfie de façon progressive. À des fins pratiques, plusieurs institutions ont fixé une limite théorique à partir de laquelle on entre dans l'espace. Voici les trois altitudes les plus communément admises :

50 miles (env. 81 km)	100 km (ligne de Kármán)	400 000 pieds (env. 122 km)
C'est la première définition à avoir été adoptée. Elle fut établie par le NACA, l'ancêtre de la NASA, de façon plus ou moins arbitraire. Le chiffre avait l'avantage d'être rond et désignait une altitude à partir de laquelle on estimait qu'un avion n'était plus maniable. C'est toujours la limite admise par l'US Air Force : un pilote qui la dépasse est décoré du « badge d'astronaute ».	Dans les années 1950, la Fédération aéronautique internationale adopta cette limite tout aussi arbitraire. Elle est nommée d'après le physicien Theodore von Kármán, qui calcula l'altitude à partir de laquelle l'air n'est plus assez dense pour assurer la portance d'un avion. S'il veut continuer à voler plus haut, celui-ci doit accélérer et entrer en orbite. Ces 100 kilomètres ne sont qu'une approximation commode, mais c'est la définition la plus fréquemment utilisée aujourd'hui.	Lors des vols de la navette spatiale américaine (135 entre 1981 et 2011), c'est l'altitude à partir de laquelle la NASA enclenchait le processus de rentrée atmosphérique. Ce chiffre sert encore de repère de travail pour désigner un seuil à partir duquel les effets de l'air (forces de friction) commencent à être ressentis par un appareil qui rejoint la Terre.

ATMOSPHÈRE, ATMOSPHÈRE !

L'atmosphère terrestre, quand elle est considérée dans sa totalité, ne s'arrête pas à des altitudes si basses. Par convention, elle est divisée en cinq grandes couches : la troposphère, la stratosphère (où se trouve la couche d'ozone), la mésosphère, la thermosphère et l'exosphère (où les collisions entre particules deviennent si rares qu'elles sont négligeables).

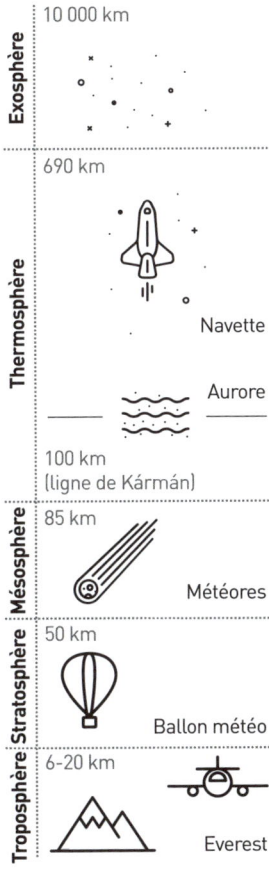

Exosphère

10 000 km

Thermosphère

690 km

Navette

Aurore

100 km
(ligne de Kármán)

Mésosphère

85 km

Météores

Stratosphère

50 km

Ballon météo

Troposphère

6-20 km

Everest

QUAND 2 SECONDES SE SERONT ÉCOULÉES...

Tous les iPhone de la planète auront rejeté 148 kg de CO_2. Cela totalise 2,35 millions de tonnes sur une année.

BIOMIMÉTISME

Le vivant est la plus grande source d'inspiration de nos ingénieurs. Éprouvées par des milliards d'années d'évolution et de sélection naturelle, les espèces qui habitent notre planète constituent des modèles d'inventivité dans leur façon de s'adapter au milieu. Voici quelques exemples :

Les nids de guêpes, fabriqués à partir de résidus de bois mâchés et agglutinés, pour inventer le papier en Chine en 105 apr. J.-C.

La chauve-souris pour donner à Léonard de Vinci l'idée de sa machine volante.

Le fémur humain pour construire la structure métallique de la tour Eiffel.

La coquille Saint-Jacques pour inventer la tôle ondulée dans les années 1930.

Les fruits de la bardane, qui s'accrochent aux poils des animaux et aux vêtements, pour inventer le Velcro en 1941.

La coquille du nautile pour concevoir le réacteur des sous-marins et, plus récemment, une nouvelle génération de ventilateurs.

Les chauves-souris et les dauphins pour développer nos sonars.

La feuille de lotus pour créer des surfaces hydrophobes comme les parois de douche.

Les toiles d'araignées, dont le fil ultra-solide est collant d'un côté et lisse de l'autre, pour améliorer les pansements, les pare-brise et les gilets pare-balles.

Les lucioles pour créer des lampes LED plus brillantes.

Les oursins et les concombres de mer pour développer des anti-rides.

La peau du requin pour fabriquer des combinaisons de nageur ou des avions plus aérodynamiques.

Les bancs de poissons pour optimiser la position des turbines dans un champ d'éoliennes.

Les yeux anti-reflets des papillons de nuit pour produire des panneaux solaires plus efficaces.

La moule pour fabriquer une colle résistante en milieu salin (comme l'intérieur de notre corps).

Les pattes du chat pour améliorer la capacité de freinage des pneus.

Les termitières, toujours fraîches sous le soleil de plomb et toujours chaudes pendant la nuit, pour construire un centre commercial au Zimbabwe en 1996.

La trompe du moustique pour fabriquer des aiguilles médicales indolores.

Le scarabée de Namibie, qui collecte l'eau des brouillards sur sa carapace, pour créer des revêtements étanches.

Les pattes du gecko pour créer des matières adhésives repositionnables.

Les nageoires bosselées des baleines pour atténuer le bruit des éoliennes.

Les ruches des abeilles pour fabriquer des roues de véhicules alvéolées, plus résistantes et plus silencieuses.

Les plumes du paon pour développer des panneaux publicitaires dont le message change en fonction des ultraviolets.

Les nids des oiseaux pour construire le stade national de Pékin en 2008.

Les plumes du hibou pour rendre le Shinkansen (le TGV japonais) plus silencieux.

Le bec du martin-pêcheur pour rendre ce même Shinkansen plus aérodynamique.

Les abeilles pour fabriquer de minuscules robots espions volants.

Les libellules pour inventer les micro-drones.

La diable cornu, qui collecte l'eau par ses pattes, afin de peut-être, un jour, boire nous aussi par les pieds en plein milieu du désert.

INVENTIONS QUI ONT CHANGÉ L'HISTOIRE

On gardera à l'esprit qu'une invention est rarement le fait d'un seul et unique inventeur : elle est le résultat d'avancées multiples et de découvertes à porter au crédit de plusieurs ingénieurs ou scientifiques. La télévision, par exemple, n'a pas été inventée un beau jour à partir de rien. Un inventeur peut n'être qu'un améliorateur décisif, ou l'assembleur final de plusieurs inventions existantes.

De plus, avant le xixᵉ siècle, où commence la « fièvre » des brevets, il est difficile d'identifier avec certitude la paternité des inventions. Les sources peuvent se limiter à des témoignages, voire même aux seules affirmations des intéressés, et l'histoire se confond avec la légende. Tout n'est pas pour autant plus clair à partir du moment où le dépôt de brevet se systématise. Lorsqu'une technique est émergente, sa finalisation se produit en plusieurs endroits presque simultanément. Les inventeurs se font parfois la course, et s'accusent d'usurpation. En 2002 les États-Unis ont officiellement reconnu Antonio Meucci comme le véritable inventeur du téléphone, inventeur italien immigré à New York dont Alexander Graham Bell se serait approprié le brevet. Pour toutes ces raisons, la chronologie reproduite ci-dessous a forcément des limites sur le plan historique ; elle n'a d'autre but que de donner une vue panoramique de la grande aventure des inventions humaines.

Date	Invention	Inventeur	Pays ou région du monde
Entre – 800000 et – 450000	Domestication du feu		
v. – 150000	Le langage		
Entre – 420000 et – 300000	Premières traces de rites funéraires		
v. – 10000	L'agriculture		Proche-Orient
v. – 4500	Le savon		Mésopotamie
v. – 4000	La roue		
v. – 4000	La sidérurgie		
v. – 3300	L'écriture		Mésopotamie
v. – 2400	Les toilettes à évacuation d'eau		Vallée de l'Indus

v. −1200	L'alphabet phénicien		Phénicie (Liban)
v. −750	La démocratie athénienne		Grèce
viie siècle av. J.-C.	La monnaie métallique		Lydie (Asie Mineure)
vi^e siècle av. J.-C.	Le cadran solaire	Anaximandre	Grèce
v. 300 av. J.-C.	La géométrie	Euclide	Grèce
iiie siècle av. J.-C.	Le zéro		Mésopotamie
iiie siècle av. J.-C.	La vis	Archimède	Sicile (Grande-Grèce)
iie siècle av. J.-C.	L'astrolabe	Hipparque	Grèce
iie siècle av. J.-C.	Le papier		Chine
i^{er} siècle av. J.-C.	La brouette		Chine
viie siècle	La poudre à canon		Chine
v. 984	L'écluse		Chine
v. 1000	La boussole		Chine
xiie siècle	Le gouvernail		Arabie
xiie siècle	La loupe	Robert Grossetête	Angleterre
xiie siècle	Le canon		Chine
1450	La presse à imprimer à caractères mobiles	Johannes Gutenberg	Allemagne
1500	La première césarienne		Suisse
1590	Le microscope	Zacharias Janssen	Hollande
1595	La chasse d'eau	John Harington	Angleterre
1608	La lunette astronomique	Hans Lippershey	Hollande
1612	Le thermomètre	Santorio Santorio	Italie
1642	La machine à calculer	Blaise Pascal	France
1710	Le piano	Bartolomeo Cristofori	Italie

1712	La machine à vapeur	Thomas Newcomen	Grande-Bretagne
1752	Le paratonnerre	Benjamin Franklin	États-Unis
1769	La première auto-mobile	Nicolas Joseph Cugnot	France
1775	Le sous-marin	David Bushnell	États-Unis
1783	Le gaz d'éclairage	Jan Pieter Minckelers	Limbourg (Pays-Bas)
1795	La boîte de conserve	Nicolas Appert	France
1796	Le vaccin contre la variole	Edward Jenner	Grande-Bretagne
1800	La pile hydro-électrique	Alessandro Volta	Italie
1813	La bicyclette (« vélocipède »)	Karl Drais	Allemagne
1814	La locomotive	George Stephenson	Royaume-Uni
1818	La première transfu-sion sanguine d'homme à homme	James Blundell	Royaume-Uni
1821	Le principe du moteur électrique	Michael Faraday	Royaume-Uni
1826	La photographie	Nicéphore Niépce	France
1829	La machine à écrire	William Austin Burt	États-Unis
1845	Le pneu	Robert William Thompson	États-Unis
1853	L'aspirine	Charles Gerhardt	France
1855	Le préservatif (en caoutchouc)	Charles Goodyear	États-Unis
1857	Le premier vol d'avion	Félix du Temple	France
1857	Le papier toilette	Joseph Gayetty	États-Unis
1865	La pasteurisation	Louis Pasteur	France
1876	Le téléphone (brevet)	Alexander Graham Bell	États-Unis
1876	Le réfrigérateur moderne	Carl von Linde	Allemagne

1879	L'ampoule à incandescence	Joseph Swan	Royaume-Uni
1885	Le vaccin contre la rage	Louis Pasteur	France
1895	Les rayons X	Wilhelm Röntgen	Allemagne
1917	Le laser	Albert Einstein	Allemagne
1921	Le vaccin contre la tuberculose (BCG)	Albert Calmette et Camille Guérin	France
1925	La congélation des aliments	Clarence Birdseye	États-Unis
1928	La pénicilline	Alexander Fleming	Royaume-Uni
1930	Le ruban adhésif (Scotch)	Richard Drew	États-Unis
1931	Le microscope électronique	Ernst Ruska et Max Knoll	Allemagne
1934	La radioactivité artificielle	Irène et Frédéric Joliot-Curie	France
1939	Le DDT (insecticide)	Paul Hermann Müller	Suisse
1941	Découverte du plutonium	Glenn Seaborg, Edwin McMillan, Joseph William Kennedy et Arthur Wahl	États-Unis
1942	La pile atomique (premier réacteur nucléaire)	Enrico Fermi	États-Unis
1945	La bombe atomique	Robert Oppenheimer	États-Unis
1946	Premier vol d'un avion à réaction	René Leduc	France
1952	La bombe H	Edward Teller et Stanislaw Ulam	États-Unis
1953	Découverte de la structure de l'ADN (double hélice)	James Watson et Francis Crick	États-Unis et Royaume-Uni
1954	Le vaccin contre la polio	Jonas Salk	États-Unis
1956	La pilule contraceptive	Gregory Pincus et John Rock	États-Unis

1965	L'e-mail		États-Unis
1967	La première greffe de cœur	Christiaan Barnard	Afrique du Sud
1968	La première synthèse complète d'un gène	Har Gobind Khorana	États-Unis
1969	Arpanet (l'ancêtre d'Internet)		États-Unis
1969	Le premier cœur artificiel	Denton Cooley	États-Unis
1973	Le téléphone portable	Martin Cooper	États-Unis
1974	La carte à puce	Roland Moreno	France
1975	La fibre optique	Laboratoires Bell	États-Unis
1977	La première fécondation *in vitro*	Patrick Steptoe et Bob Edwards	Royaume-Uni
1978	Le GPS	Département de la Défense américain	États-Unis
1980	Le Minitel		France
1983	Découverte du sida	Jean-Claude Chermann	France
1988	La pilule abortive	Étienne-Émile Baulieu	France
1989	Le World Wide Web	Tim Berners-Lee et Robert Cailliau	CERN (Genève)
1998	Le baladeur MP3	Société Mpman	Corée du Sud
2004	Facebook	Mark Zuckerberg	États-Unis
2006	Twitter	Jack Dorsey, Evan Williams, Biz Stone et Noah Glass	États-Unis

QU'EST-CE QU'UNE CRUE CENTENNALE ?

Ce n'est pas une crue qui se produit tous les cent ans mais une crue qui a une probabilité de 1/100 de survenir chaque année. Cette probabilité est la même tous les ans, le hasard n'ayant pas de mémoire. Au cours d'une vie humaine, il existe une chance sur deux d'assister à un tel phénomène. Prague fait figure d'exception puisque la ville en a connu deux entre 2000 et 2010. Une telle notion est forcément relative au lieu que l'on considère : en France, la crue centennale de référence est celle de la Seine en 1910, qui a duré plus d'un mois. C'est à partir de cette inondation que la mairie de Paris calibre ses plans de prévention. Une montée des eaux aussi spectaculaire paralyserait la métropole tout entière. On estime aujourd'hui que 1,5 million de personnes se retrouveraient sans électricité, que 5 millions n'auraient plus accès à l'eau potable et qu'au moins 400 000 emplois seraient directement affectés. Paris diffuse, depuis le début de l'année 2016, un clip de sensibilisation qui pose cette question aux accents dramatiques : « Êtes-vous prêt à faire face ? » Alors, qui a peur de la crue centennale ?

LES VAGUES LES PLUS HAUTES DE LA PLANÈTE BLEUE

On pensait que les plus grosses vagues jamais observées étaient les vagues scélérates, ces murs d'eau de 20 à 35 mètres de hauteur qui sont la terreur des navigateurs. Elles ne sont pourtant rien comparées aux vagues que les océanographes du MIT étudient depuis 2015 et qui atteignent jusqu'à 500 mètres. Il est impossible d'en observer une soi-même, ces vagues étant en fait sous-marines. Véritables « ondes internes » au déplacement très lent et dégageant une énergie gigantesque, elles naissent des différences de densité entre les couches d'eau qui composent l'océan. Leur étude a bien un intérêt : ces vagues représentent un danger possible pour l'exploration off-shore et recèlent un potentiel inexploité dans le cadre du développement des énergies renouvelables.

COMBIEN DE TEMPS VIVENT LES ANIMAUX ?

Nous indiquons ci-après les espérances de vie moyennes, calculées à partir d'études menées dans les zoos et d'observations de biologistes spécialisés dans la vie sauvage.

Certains animaux à la longévité exceptionnelle peuvent largement dépasser ces moyennes. L'animal le plus vieux jamais découvert était une palourde *Artica islandica* dont l'âge était estimé à 507 ans (la méthode employée s'appelle la sclérochronologie, qui consiste à compter les

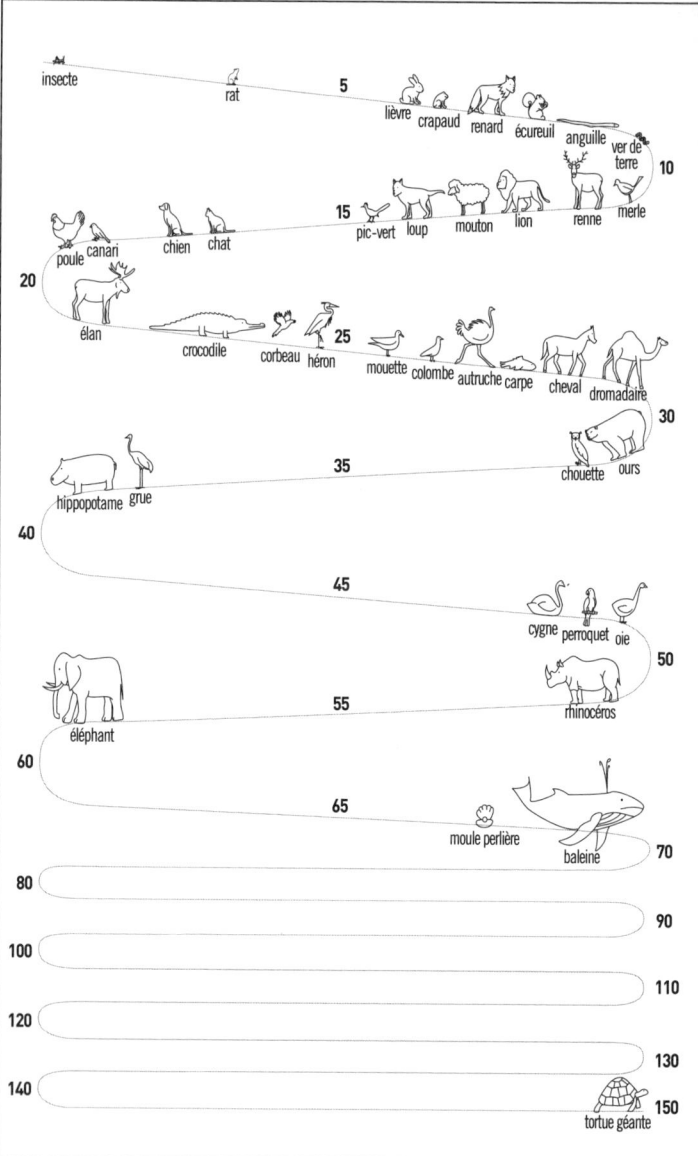

insecte
rat
5
lièvre crapaud renard écureuil anguille ver de terre
10
15
pic-vert loup mouton lion renne merle
poule canari chien chat
20
élan crocodile corbeau héron 25 mouette colombe autruche carpe cheval dromadaire
30
hippopotame grue 35 chouette ours
40
45
cygne perroquet oie
50
éléphant 55 rhinocéros
60
65 moule perlière baleine 70
80
90
100
110
120
130
140
tortue géante 150

- 188 -

stries d'accroissement sur la coquille). Cette vénérable palourde a été baptisée Ming, du nom de la dynastie chinoise sous laquelle elle est née. Ming est morte en 2006, victime d'une manipulation maladroite dans un laboratoire de l'université de Bangor au pays de Galles. Il est de plus en plus difficile d'observer des palourdes centenaires sur nos rivages, ces mollusques étant des victimes directes de la surpêche et de la pollution des océans. Un des doyens du règne animal, la tortue géante Jonathan, vit dans les jardins du gouverneur de l'île de Sainte-Hélène : elle aurait 184 ans et se porterait comme un charme. Elle a hérité du titre de plus vieille tortue du monde en 2006, après la mort d'Adwaita, tortue géante de Bengalore, alors âgée de 256 ans. Elle était donc née en 1750 ! Au Japon, les carpes koï sont réputées pour atteindre des records de longévité : le poisson Hanako, mort en 1977, qui passait pour le plus vieux du monde, avait 226 ans. En 2001, des chercheurs de l'université d'Alaska ont étudié des pointes de harpons esquimaux datant du XIXe siècle : en analysant les traces de sang, ils ont pu déterminer que ces Esquimaux avaient tué une baleine de plus ou moins 211 ans. Cela en ferait le plus vieux mammifère ayant existé. Mais il se pourrait que toutes ces créatures pluriséculaires soient largement battues par une concurrente déloyale : une méduse aurait en effet découvert le secret de l'immortalité.

LA MARÉE NOIRE OUBLIÉE DU NIGERIA

Depuis cinquante ans, et sans que personne ne s'en émeuve, du pétrole brut se déverse à flot ininterrompu dans le delta du Niger. Cette région est un des plus grands champs pétrolifères du monde. C'est aussi celle où les oléoducs sont les plus vétustes. Le delta est envahi par des kilomètres de tuyaux rongés par la rouille ou carrément éventrés, desquels jaillissent sans discontinuer des litres d'or noir. Les habitants de la région accusent les compagnies pétrolières (presque toutes américaines, anglaises ou françaises) de ne pas entretenir le réseau, quand celles-ci rejettent la responsabilité sur les factions rebelles de la région, soupçonnées de sabotage. Le résultat n'est rien d'autre que la pire catastrophe écologique et sanitaire jamais engendrée par l'extraction des carburants. Selon Amnesty International, en une cinquantaine d'années, 1 200 000 tonnes de pétrole se seraient déjà répandues dans la mer, dans les marais et sur terre. Soit, chaque année, autant que la marée noire provoquée par le pétrolier *Erika*

(1999). Il n'y a pas que l'environnement qui soit ravagé par ces rivières de mazout : les populations locales, qui vivent essentiellement de pêche et d'agriculture, sont les premières atteintes. Leur espérance de vie est descendue à quarante ans en seulement deux générations. Les scientifiques estiment qu'il faudrait vingt-cinq à trente ans d'assainissement pour retrouver une zone viable et une eau potable. Et cela n'est même pas près de commencer.

LOGIES 3/4

- **Phytologie (ou botanique) : étude des végétaux**
    - Dendrologie : étude des arbres
        - Xylologie : étude du bois
    - Palynologie : étude des pollens
    - Agrostologie : étude de l'herbe
    - Ampélologie : étude de la vigne
    - Pomologie : étude des fruits
    - Sociophytologie : étude des communautés végétales
    - Briologie (ou muscologie) : étude des mousses
    - Hydrophytologie : étude des plantes aquatiques
    - Herbologie : étude des plantes médicinales

- **Autres disciplines biologiques**
    - Mycologie : étude des champignons
    - Lichénologie : étude des lichens
    - Microbiologie : étude des micro-organismes (levures, microbes...)
        - Bactériologie (biologie)
    - Cytologie : étude des cellules
        - Cytomorphologie : étude de la forme des cellules
        - Caryologie : étude du noyau cellulaire
        - Enzymologie : étude des enzymes
    - Auxologie : étude de la croissance des êtres vivants
    - Thremmatologie : étude de la reproduction et de l'hérédité
    - Génécologie : étude des facteurs génétiques
    - Chronobiologie : étude des rythmes biologiques
    - Somnologie (ou hypnologie) : étude du sommeil
    - Phénologie : étude des phénomènes périodiques chez

les êtres vivants (floraison des végétaux, migration des oiseaux...)
- Chorologie : étude de la répartition géographique des êtres vivants
- Synécologie : étude des rapports entre les différentes espèces d'un même écosystème
- Écologie (anciennement : mésologie) : étude des relations entre les êtres vivants et leur milieu
- Écotoxicologie : étude des effets de la pollution sur la nature
- Actinologie : étude des effets des radiations sur les êtres vivants
- Exobiologie : étude des conditions nécessaires à l'apparition de la vie (sur terre et dans le reste de l'univers)
- Coprologie : étude des excréments

- **Sciences de l'univers et de la Terre**
  - Cosmologie : étude de la nature et de la structure de l'univers
  - Héliologie : étude du Soleil
  - Planétologie : étude des planètes
    - Herméologie : étude de Mercure
    - Cythérologie : étude de Vénus
    - Sélénologie : étude de la Lune
    - Aréologie : étude de Mars
    - Zénologie : étude de Jupiter
    - Kronologie : étude de Saturne
    - Ouranologie : étude d'Uranus
    - Poséidologie : étude de Neptune
    - Hadéologie : étude de Pluton
    - Exoplanétologie : étude des planètes hors du système solaire
  - Géologie : étude de la Terre
    - Aérologie : étude de l'atmosphère
      - Météorologie : étude du temps (températures, vents, précipitations...)
        - Climatologie : étude des climats (météorologie sur un temps long)
      - Néphologie : étude des nuages
      - Brontologie : étude des orages
    - Pédologie : étude des sols

- Édaphologie (ou agrologie) : étude des sols en tant qu'habitat des végétaux
  - Agrologie : étude des sols en rapport avec l'agriculture
- Géomorphologie : étude des formes du relief
  - Karstologie : étude du karst
  - Spéléologie : étude des grottes et des cavernes
- Pétrologie : étude des roches
  - Sédimentologie : étude des sédiments
  - Minéralogie : étude des minéraux
    - Gemmologie : étude des pierres précieuses
- Volcanologie : étude des volcans
- Sismologie : étude des séismes
- Kymatologie : étude des vagues et des dunes
- Hydrologie : étude des eaux
  - Hydrogéologie : étude des eaux souterraines
  - Limnologie : étude des lacs
  - Potamologie : étude des rivières et des fleuves
  - Océanologie : étude des environnements marins
- Glaciologie : étude des banquises et des glaciers
- Ufologie (ou ovniologie) : étude des ovnis et recherche des extra-terrestres
  - Céréalogie : étude des *crop circles* (les motifs prétendument dessinés par des extra-terrestres dans les champs)

COMBIEN D'HUMAINS ONT VÉCU SUR TERRE ?

80 milliards. C'est la dernière estimation à laquelle sont parvenus les démographes qui tentent de calculer le nombre total d'humains nés depuis l'aube de notre espèce. Résultat forcément approximatif, puisque les données dont nous disposons pour estimer les populations anciennes et particulièrement préhistoriques sont très minces. Une tendance se dessine tout de même : la moitié des êtres humains auraient vécu au cours des deux derniers millénaires. Alors que notre espèce a plus de 200 000 ans ! Plus fort : un homme sur cinq est né entre le XIXᵉ siècle et aujourd'hui, et près d'un sur dix sera encore en vie en 2025.

FISSION ET FUSION NUCLÉAIRES

La fission et la fusion sont deux façons de produire de l'énergie nucléaire.

• **La fission** correspond à l'éclatement d'un noyau lourd et instable en deux noyaux plus légers. Cet éclatement dégage de la chaleur et donc de l'énergie. Le seul élément naturellement fissile est l'uranium 235. On bombarde un neutron contre son noyau pour le scinder et ainsi libérer une énergie gigantesque. Un gramme d'uranium 235 suffit à fournir autant d'énergie que la combustion de plusieurs tonnes de charbon. En plus du rayonnement radioactif, la fission produit quelques neutrons, qui serviront à leur tour à faire éclater de nouveaux noyaux d'uranium : on obtient alors une réaction en chaîne.

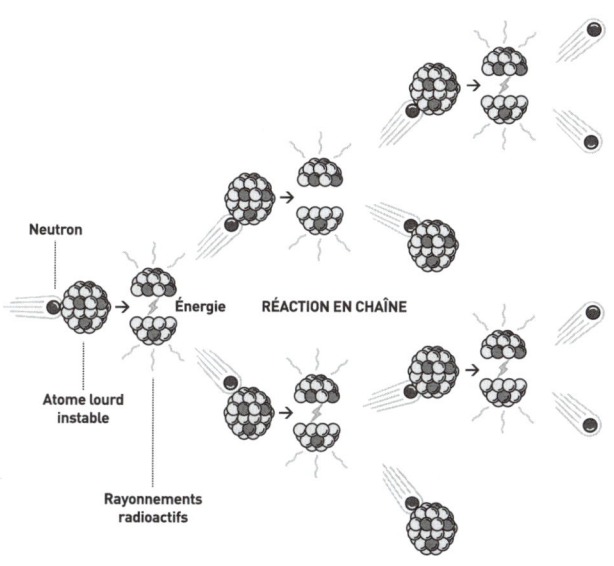

Dans nos réacteurs nucléaires, le nombre de neutrons est contrôlé pour empêcher que la réaction ne s'emballe. On dit qu'elle s'autoentretient. Si on laisse augmenter la quantité de neutrons à l'infini, la réaction devient alors explosive : c'est le mécanisme de la bombe A.

• **La fusion** consiste à rapprocher deux atomes légers (en l'occurrence le tritium et le deutérium, isotopes de l'hydrogène) pour qu'ils s'unissent et forment un noyau lourd. Il faut pour cela porter la matière à une température très élevée, environ 100 millions de degrés. Ces réactions ont lieu en permanence au cœur du Soleil. Le nouveau noyau tente de retrouver un état stable en éjectant un atome d'hélium (plus un neutron) : de là vient l'énergie, dix fois supérieure à celle dégagée par une fission. C'est ce mécanisme qui est à l'œuvre à l'intérieur des bombes H.

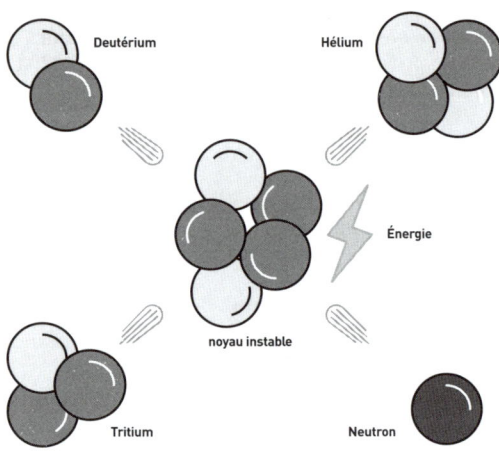

COMBIEN PÈSE UN NUAGE ?

Avec leurs airs cotonneux, les nuages sembleraient presque ne rien peser. Pourtant un petit cumulus pèse environ 500 tonnes, et un gros cumulonimbus un million de tonnes. L'atmosphère contient à chaque instant 12 000 km³ d'eau sous forme de vapeur et de nuages : de quoi recouvrir l'intégralité du globe terrestre d'une couche de 2 cm d'eau.

CLASSIFICATION DES NUAGES

Cirrus

Nuages séparés, en forme de filaments blancs et délicats ou de bancs ou de bandes étroites, blancs ou en majeure partie blancs. Ces nuages ont un aspect fibreux (chevelu) ou un éclat soyeux, ou les deux.

Cirrocumulus

Banc, nappe ou couche mince de nuages blancs, sans ombres propres, composés de très petits éléments en forme de granules, de rides, etc., soudés ou non, et disposés plus ou moins régulièrement ; la plupart des éléments ont une largeur apparente inférieure à un degré (équivalent à la largeur de l'auriculaire bras tendu).

Cirrostratus

Voile nuageux transparent et blanchâtre, d'aspect fibreux (chevelu) ou lisse, couvrant entièrement ou partiellement le ciel, et donnant généralement lieu à des phénomènes de halo, surtout autour de la Lune.

Altocumulus

Banc, nappe ou couche de nuages blancs ou gris, ou à la fois blancs et gris, ayant généralement des ombres propres, composés de lamelles, galets, rouleaux, etc., d'aspect parfois partiellement fibreux ou diffus, soudés ou non. La plupart des éléments disposés régulièrement ont une largeur apparente comprise entre un et cinq degrés (cinq degrés correspondant à la largeur de trois doigts bras tendu).

Altostratus

Nappe ou couche nuageuse grisâtre ou bleuâtre, d'aspect strié, fibreux ou uniforme, couvrant entièrement ou partiellement le ciel, et présentant parfois des parties suffisamment minces

Ce sont les nuages de l'étage supérieur. Ils apparaissent entre 6 et 13 km d'altitude sous nos latitudes. Ils sont constitués de cristaux de glace.

On les trouve entre 2 et 7 km d'altitude. Ils sont constitués essentiellement de gouttelettes d'eau.

pour laisser voir le soleil au moins vaguement, comme au travers d'un verre dépoli. L'altostratus ne présente pas de phénomènes de halo et peut être accompagné de pluie ou de neige (plus ou moins continues) ou de granules de glace.

Stratocumulus
Banc, nappe ou couche de nuages gris ou blanchâtres, ou à la fois gris et blanchâtres, ayant presque toujours des parties sombres, composés de dalles, galets, rouleaux, etc.

Ce sont les nuages bas, que l'on trouve entre le sol et 2 km d'altitude. Quand ils touchent la terre, ce sont des brouillards.

Stratus
Couche nuageuse généralement grise, à base assez uniforme, pouvant donner lieu à de la bruine ou à de la neige en grains. Lorsque le soleil est visible au travers de la couche, son contour est nettement discernable. Le stratus ne donne pas lieu à des phénomènes de halo sauf à de très basses températures. Il peut aussi se présenter sous la forme de bancs déchiquetés.

Nimbostratus
Couche nuageuse grise, souvent sombre, dont l'aspect est rendu flou par des chutes plus ou moins continues de pluie ou de neige qui, dans la plupart des cas, atteignent le sol. L'épaisseur de cette couche est partout suffisante pour masquer complètement le soleil. Il existe fréquemment, au-dessous de la couche et la rendant difficilement visible, des nuages bas (pannus) déchiquetés, soudés ou non avec elle.

Ces nuages sont à développement vertical. Ils peuvent occuper plusieurs étages en même temps.

Cumulus
Nuages séparés, généralement denses et à contours blancs bien délimités, se développant verticalement en forme de mamelons, de dômes ou de tours, dont la région supérieure bourgeonnante ressemble souvent à un chou-fleur. Les parties de ces nuages éclairées par le soleil sont, le plus souvent, d'un blanc éclatant ;

leur base, relativement sombre, est sensiblement horizontale. Les cumulus sont parfois déchiquetés (espèce fractus).

Cumulonimbus
Nuage dense et puissant, à extension verticale considérable, en forme de montagne ou d'énormes tours. Une partie au moins de sa région supérieure est généralement lisse, fibreuse ou striée, et presque toujours visible ; cette partie s'étale en forme d'enclume ou de vaste panache. Au-dessous de la base de ce nuage, souvent très sombre (ce qui le différencie du nimbostratus, semblant éclairé de l'intérieur, lorsque l'on se trouve dessous), il existe fréquemment des nuages bas déchiquetés, soudés ou non avec elle, et des précipitations de tous genres. En présence d'orage, on est certain qu'il y a un cumulonimbus.

Les nuages présentés ci-dessus sont seulement les dix « genres » de nuages. Mais l'identification exacte d'un nuage implique aussi, pour le météorologue, de reconnaître son « espèce » (fibratus, ucinus…), ses « variétés » (intortus, vertebratus…) et ses particularités supplémentaires (virga, praecipitatio…). Il existe des centaines de combinaisons possibles de ces caractéristiques.

LES ÉLÉPHANTS ENTENDENT LE DÉPLACEMENT DES NUAGES

Cette prouesse du monde animal n'a été mise en évidence qu'en 2015. Des chercheurs ont actionné non loin d'un groupe d'éléphants une sorte de ventilateur capable de reproduire artificiellement le bruit d'une intempérie à l'approche. Immédiatement, les oreilles des pachydermes se sont dressées. Leur capacité à entendre dans la gamme des infrasons pourrait, en partie, expliquer leur exceptionnel sens de l'orientation quand ils migrent sur de longues distances, à la recherche d'un point d'eau.

QUAND 2 SECONDES SE SERONT ÉCOULÉES...

234 oiseaux auront été tués par des chats aux États-Unis. C'est une étude américaine de 2013 qui a alerté sur ce facteur jusque-là négligé dans la mortalité des oiseaux. Les chats sont parmi les pires espèces invasives : quand ils sont introduits là où il n'y en avait pas avant, ils prolifèrent et peuvent bouleverser l'écosystème.

ANIMALCULES

C'est le premier nom donné aux spermatozoïdes humains, quand ils ont été découverts en 1677 par le Néerlandais Antoni Van Leeuwenhoek, au moyen d'un microscope grossissant 300 fois. Il a fait l'annonce de sa découverte l'année suivante à la Royal Society de Londres.

CHAMPIGNONS VÉNÉNEUX

Champignon	Où pousse-t-il ?	Comment le reconnaître ?	Toxicité
L'amanite phalloïde	Sur les sols humides des forêts tempérées, donc partout en Europe.	Jeune, elle ressemble à un petit œuf blanc posé sur un socle. Plus avancée, elle a un chapeau blanc verdâtre ou tout blanc, avec des lamelles en dessous.	On la surnomme le calice de la mort. C'est le plus dangereux de tous les champignons. Un seul morceau suffit à l'empoisonnement. Le poison détruit le foie et les reins, puis c'est la mort. Victimes célèbres : l'empereur romain Claude, le pape Clément VII et l'empereur du Saint Empire romain germanique Charles VI.
Le cortinaire couleur de rocou	Partout, mais il est très rare.	Le chapeau est mamelonné, de couleur rouille avec des reflets fauves. Il a des lamelles ocre foncé en dessous. Le pied est plus clair.	Les symptômes peuvent mettre plus de 24 heures à se déclarer. Son poison très violent provoque une insuffisance rénale, qui peut devenir irréversible quand elle n'entraîne pas simplement la mort. 35 grammes de ce champignon suffisent à tuer un adulte en bonne santé.

Le gyro-mitre ou fausse morille	Principalement dans les forêts de montagne de l'hémisphère Nord.	Son chapeau est rond et plissé : il ressemble à un petit cerveau brun rougeâtre, parfois brun jaune.	La toxicité varie considérablement d'un spécimen à un autre. Les cas graves sont caractérisés par des troubles neurologiques (convulsions) et une hypoglycémie sévère.
L'amanite tue-mouches	Partout dans l'hémisphère Nord, même sous les latitudes chaudes.	C'est le plus reconnaissable des champignons, avec son chapeau rouge vif parsemé de points blancs.	Sa chair est surtout connue pour être hallucinogène et sa dangerosité a longtemps été exagérée, bien qu'elle soit réelle. Il faudrait consommer environ 15 chapeaux pour que l'intoxication soit mortelle.
L'entolome livide	Surtout à la lisière des forêts de feuillus.	Chapeau blanc grisâtre, avec des lames qui deviennent jaune pâle et prennent des reflets roses à maturité.	Il est très toxique, mais rarement mortel. Il provoque des troubles digestifs violents. L'intoxication ne dure généralement pas plus de 6 jours avec un traitement adapté.
La pleurote de l'olivier	Principalement dans les forêts méditerra-néennes, au pied des oliviers.	Son chapeau et son pied sont d'un jaune orangé vif. Le chapeau est très convexe, le pied est très fibreux. On peut la confondre avec la délicieuse girolle.	Son poison agit de manière fulgurante : les symptômes apparaissent moins de 2 heures après l'ingestion, puis se résorbent dans les 3 heures suivantes. Aux troubles digestifs habituels s'ajoutent une hypersécrétion de larmes, de salive et de sueur et un rétrécissement de la pupille.

SPERME D'HIVER

Cela est bien connu, dans l'hémisphère Nord, les bébés naissent en septembre. Mais l'appel des soirées douillettes sous la couette et l'ivresse des fêtes de fin d'année ne suffisent pas à expliquer la recrudescence des fécondations en décembre et en janvier. Une étude israélienne a montré en 2016 que, lors des saisons froides, les spermatozoïdes étaient plus nombreux et surtout bien plus véloces. Le sperme des hommes est donc de bien meilleure qualité en hiver qu'en été.

LES MAMMIFÈRES

Nombre d'espèces connues aujourd'hui : env. 5 000	Nombre d'espèces fossiles connues : 15 000

Les mammifères actuels sont répartis en trois grandes familles :

Les protothériens	Les métathériens	Les euthériens
Ce sont les mammifères qui pondent des œufs, aujourd'hui représentés seulement par les échnidés (4 espèces) et l'ornithorynque.	Ce sont les mammifères dont le petit vit très peu de temps *in utero*. Ils ne sont plus représentés que par les marsupiaux (kangourous, koalas, etc.).	C'est le groupe des mammifères placentaires, dont le petit se développe complètement dans le ventre de la femelle. Ils regroupent tous les autres mammifères, répartis en plus de 4 000 espèces, dont la nôtre.

Les premiers mammifères sont apparus il y a 220 millions d'années, en même temps que les dinosaures. À cette époque, ils ne sont guère que de frêles bestioles au museau effilé, d'apparence proche de nos actuelles musaraignes. Ils vivent dans l'ombre des dinosaures et des reptiles, qui assoient sur le monde un règne sans partage. Leurs petites dents pointues font d'eux des carnivores ; ils se nourrissent de petits reptiles ou bien de congénères mammifères. Les paléontologues ont cependant retrouvé un petit dinosaure gobé entier dans l'estomac d'un *Repenomamus giganticus*, sorte de gros rat d'un mètre de long qui compte parmi les mammifères les plus imposants du Mésozoïque. Un peu plus tard, il y a 125 millions d'années, un petit mammifère insectivore de la taille d'une souris, probablement arboricole, fait ses premiers pas. Son nom : *Eomaia*. C'est le tout premier euthérien connu. Présence de liquide placentaire et développement embryonnaire entièrement dans l'utérus : cette fois, le lien de parenté se rapproche. Autrement dit, bien avant les primates, l'aïeul direct des humains est un petit rongeur craintif ; c'est lui qui se trouve à la racine de notre arbre généalogique. En toute logique, cette petite souris primitive est aussi l'ancêtre lointain de la baleine !
L'extinction des dinosaures et de tous les animaux de grande taille, il y a 65 millions d'années, sera l'aubaine inespérée pour nous autres mammifères. Quand la célèbre météorite vint percuter la Terre et

bouleverser son climat, une espèce de lémuriens très agiles se réfugia sous les rochers et laissa passer le cataclysme. C'est de leur seule survie que dépend toute notre lignée. Dès lors les mammifères prirent possession de la terre, mais aussi des océans, se diversifiant et devenant les plus gros et les plus développés représentants du règne animal.

L'IMAGINAIRE DE L'ORCHIDÉE

L'orchidée fait partie de la grande famille des plantes monocotylédones, qui compte plus de 25 000 espèces parmi lesquelles les bananiers et les palmiers. On la trouve sous toutes les latitudes, dans tous les milieux à l'exception des déserts et des cours d'eau. Mais ses plus beaux spécimens sont d'origine tropicale. Les orchidées seraient apparues au Jurassique, il y a 120 millions d'années, quand la Pangée, le continent originel, se disloqua et dispersa ces fleurs magnifiques aux quatre coins de la planète.

« Orchidée » vient du grec *orchis*, qui signifie « testicule »*. Elle doit son nom à la forme de ses tubercules souterrains. Elle a toujours fasciné les hommes : symbole de luxe, d'exotisme et de beauté absolue, on l'associe depuis l'Antiquité à l'érotisme et à l'amour. La rare et délicieuse vanille est le fruit d'une orchidée (*Vanilla planifolia*). Bien qu'elle porte le nom d'une partie génitale masculine, l'orchidée est la « femme-fleur » par excellence dans la mesure où elle représente le sexe de la femme idéalisé. C'est donc un symbole ambigu, presque androgyne. Le trouble qu'elle entretient vient aussi des stratégies très élaborées qu'elle met en place pour attirer les insectes qui viendront la polliniser : certaines imitent la forme d'une abeille, d'autres émettent des phéromones semblables à celles des insectes femelles, d'autres encore sont conçues de manière à piéger les bourdons à l'intérieur de leur sabot. L'orchidée a tout d'une dangereuse tentatrice, aussi perverse qu'elle est irrésistible. Léon Bloy donne une vision hallucinée de ces « plantes monstrueuses aux exfoliations inattendues, aux inconcevables floraisons, ayant une manière de vie organique quasi animale, des attitudes obscènes ou des couleurs menaçantes, quelque chose comme des appétits, des instincts, presque une volonté » (*Sur la tombe de Huysmans*, 1913).

---

* On a d'ailleurs, par plaisanterie, formé le terme pseudo-savant : « orchidoclaste », dont on déduira le sens en sachant qu'un « iconoclaste » est un *briseur* d'icônes...

ŒUF DE POULE

Coupe d'un œuf de poule domestique

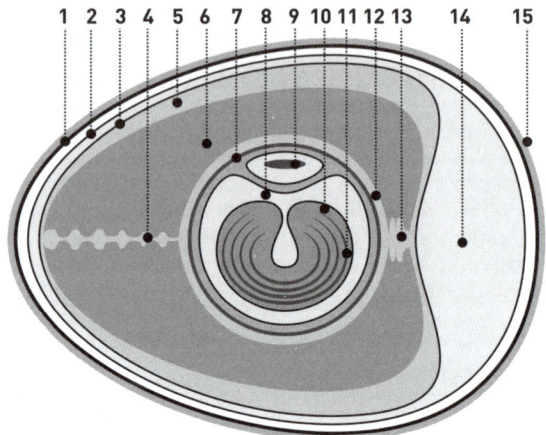

1. Coquille calcaire
2. Membrane coquillière externe
3. Membrane coquillière interne
4. Chalaze
5. Blanc d'œuf (ou albumen) externe (fluide)
6. Blanc d'œuf (ou albumen) intermédiaire (visqueux)
7. Peau du jaune d'œuf (ou vitellus)
8. Jaune d'œuf (l'ovule) formé
9. Point blanc puis embryon
10. Jaune d'œuf (ou vitellus) jaune
11. Jaune d'œuf (ou vitellus) blanc
12. Blanc d'œuf (ou albumen) interne (fluide)
13. Chalaze
14. Chambre à air
15. Cuticule

Le jaune n'est en fait rien d'autre qu'une cellule géante. C'est une des plus grosses cellules du monde vivant, avec un volume qui est des milliards de fois supérieur à celui d'une cellule ordinaire.

LE PLUS VIEUX FOSSILE TERRESTRE

Il s'agit d'un champignon baptisé *Tortotubus*, qui aurait colonisé la terre il y a quelque 440 millions d'années. À la période où cet organisme existait, la vie était presque entièrement limitée aux océans ; rien de plus complexe que des mousses ou des lichens n'avait gagné la surface terrestre. Cette découverte comble une lacune importante dans la compréhension du scénario de l'évolution. Les premiers champignons auraient préparé les sols et permis l'arrivée des plantes puis des animaux.

NOUVELLES STARS 5/5
espèces nommées d'après des célébrités

William Shakespeare	*Legionella shakespearei*	Bactérie	La bactérie fut isolée à Stratford-upon-Avon, ville de naissance de Shakespeare.
Shakira	*Aleiodes shakirae*	Guêpe	Quand une chenille est parasitée par cette guêpe, elle agite son abdomen dans tous les sens ; elle effectue ainsi une sorte de danse du ventre, discipline dans laquelle la chanteuse colombienne s'est particulièrement illustrée.
Edward Snowden	*Cherax snowden*	Crustacé	
Spartacus	*Dasyurus spartacus*	Marsupial (chat marsupial bronzé)	
Steven Spielberg	*Anhanguera spielbergi*	Ptérosaure	
Sting	*Hyla stingi*	Grenouille	
Bram Stoker	*Draculoides bramstokeri*	Schizomide	
Jonathan Swift	*Meoneura swifti*	Mouche	Ainsi nommée car Swift a démontré, dans *Le Voyage de Gulliver*, que les êtres minuscules pouvaient être très importants.

J. R. R. Tolkien	*Shireplitis tolkieni*	Guêpe	Les autres espèces du genre *Shireplitis* (en référence à *the Shire*, le nom anglais de la Comté) sont nommées d'après des personnages du *Seigneur des Anneaux* : *Shireplitis bilboi*, *Shireplitis frodoi*, *Shireplitis peregrini*, etc.
Liv Tyler	*Agra liv*	Scarabée	
La reine Victoria	*Victoria amazonica*	Plante (nénuphar)	
Léonard de Vinci	*Leonardo davincii*	Mite	
George Washington	*Washingtonia*	Plante (palmier)	
Orson Welles	*Orsonwelles*	Araignée	De nombreuses espèces de ce genre sont baptisées en référence à des films d'Orson Welles : *Orsonwelles arcanus* pour *Dossier secret* (*arcanus* signifiant « caché » en latin), *Orsonwelles polites* pour *Citizen Kane* (*polites* signifiant le « citoyen » en grec), etc.
Kate Winslet	*Agra katewinsletae*	Scarabée	
Neil Young	*Myrmekiaphila neilyoungi*	Araignée	
Frank Zappa	*Pachygnatha zappa*	Araignée	Cette araignée orbitèle possède un motif noir sur son abdomen qui rappelle la moustache de Zappa.
Frank Zappa	*Phialella zappai*	Méduse	Ferdinando Boero, spécialiste génois des méduses, écrivit un jour à Frank Zappa dans l'espoir de le rencontrer. Celui-ci lui répondit qu'il rêvait de voir une méduse porter son nom. Le biologiste exauça son souhait et put rencontrer son idole.
Mao Zedong	*Maotherium*	Mammifère éteint	

PROBLÈMES DE VUE

Les troubles de la vision les plus communs sont dus à une réfraction défaillante de la lumière à l'intérieur de l'œil. En fonctionnement normal, la lumière est focalisée par la pupille et surtout par le cristallin vers les cellules de la rétine, qui tapissent le fond du globe oculaire. Quand le point focal est en décalage par rapport à la rétine, les scientifiques parlent d'amétropie. On en dénombre cinq types :

Myopie	Hypermétropie	Astigmatisme	Presbytie	Aniséïconie
Le point focal est situé devant la rétine ; l'œil est « trop long ». Les objets lointains paraissent flous. Un être humain sur quatre souffre de myopie, l'Extrême-Orient étant la région la plus touchée.	Le point focal est situé derrière la rétine ; l'œil est « trop court ». La vision de près est floue. La plupart des nourrissons et des enfants sont hypermétropes, mais le défaut est naturellement corrigé par la croissance oculaire.	Les rayons lumineux sont focalisés en deux foyers distincts sur la rétine. La vision est brouillée et notamment les lignes apparaissent comme déformées.	En vieillissant, le cristallin se durcit et n'est plus capable d'accommoder normalement. La vision de près est brouillée.	Les deux yeux ne perçoivent pas les images de la même taille, car ils ne réfractent pas la lumière de façon identique. Cette affection est rare.

LA PUPILLE FAIT LE PRÉDATEUR

On sait que la pupille des chats est une fente verticale ; mais a-t-on remarqué que celle des chèvres ou des chevaux s'étire à l'horizontale ? Cette différence de structure oculaire intrigue les chercheurs depuis des décennies. En 2015, une équipe de zoologues américains et britanniques a trouvé l'explication :
– Les pupilles verticales améliorent la vue en profondeur. Primordial pour un prédateur en embuscade qui doit estimer très précisément la distance qui le sépare de sa proie et ensuite la griffer ou la mordre au bon endroit.
– Les pupilles horizontales, à l'inverse, captent mieux la lumière à gauche et à droite de l'œil. Elles offrent une vision panoramique qui

permet de mieux détecter les prédateurs à l'approche et de pouvoir fuir en ayant une bonne notion des irrégularités du terrain.

Donc aux animaux de pâturage et aux herbivores en général (moutons, chevaux, antilopes, etc.) les pupilles horizontales, et aux prédateurs carnivores (alligators, serpents, panthères, etc.) les pupilles verticales. Il ne s'agit là que d'une tendance, et des contre-exemples peuvent être trouvés. La plupart des gros félins comme le tigre, le lion ou le guépard se contentent de pupilles rondes. D'après les chercheurs, ces animaux auraient des yeux suffisamment grands pour ne pas avoir besoin de réduire le flou des contours verticaux. Cette étude a mené à une dernière découverte étonnante : comment les herbivores peuvent-ils continuer à profiter d'une vue latérale quand ils inclinent la tête pour brouter ? Eh bien ils possèdent des yeux pivotants qui restent parallèles au sol en permanence.

LES LUNES DANS LE SYSTÈME SOLAIRE

Une lune (ou satellite naturel) est un astre en orbite autour d'un corps plus grand que lui-même : autour d'une planète ou d'une planète naine. Les premiers satellites découverts orbitant autour d'une planète autre que la Terre sont Io et Callisto, satellites de Jupiter, repérés par Galilée le 7 janvier 1610. On en connaît à ce jour 183 dans notre système solaire.

La Terre (1)
> La Lune

Mars (2)
Nommés d'après les deux jumeaux nés de l'union d'Arès et d'Aphrodite.
> Phobos, Deïmos

Jupiter (67)
Nommés d'après des personnages des mythologies gréco-romaine, égyptienne et celtique.
> Métis, Amalthée, Thébé, Io, Europe, Ganymède, Callisto, Thémisto, Léda, Himalia, Lysithéa, Élara, Dia, Carpo, Euporie, Mnémé, Euanthé, Orthosie, Harpalycé, Praxidiké, Thyoné, Telxinoé, Ananké, Jocaste, Hermippé, Hélicé, Hersé, Eurydomé, Pasithée, Chaldéné, Arché, Isonoé, Érinomé, Calé, Aitné, Taygèté, Carmé, Hégémone, Calycé, Pasiphaé,

Eukélade, Spondé, Cyllèné, Mégaclité, Callirrhoé, Sinopé, Autonoé, Aédé, Callichore, Coré, 16 non nommés

Saturne (62)
D'abord nommés d'après les Titans, puis d'après des personnages divers des mythologies gréco-romaine, celtique, inuit et nordique.

Pan, Daphnis, Atlas, Prométhée, Pandore, Épiméthée, Janus, Égéon, Mimas, Méthone, Anthée, Pallène, Encelade, Téthys, Télesto, Calypso, Dioné, Hélène, Pollux, Rhéa, Titan, Hypérion, Japet, Kiviuq, Ijiraq, Phœbé, Paaliaq, Skathi, Albiorix, Bebhionn, Erriapus, Siarnaq, Skoll, Tarvos, Tarqeq, Greip, Hyrrokkin, Mundilfari, Jarnsaxa, Narvi, Bergelmir, Suttungr, Hati, Bestla, Farbauti, Thrymr, Ægir, Kari, Fenrir, Surtur, Ymir, Loge, Fornjot, 9 non nommés

Uranus (27)
Nommés d'après des personnages des œuvres de Shakespeare et d'Alexander Pope.

Cordélia, Ophélie, Bianca, Cressida, Desdémone, Juliette, Portia, Rosalinde, Cupid, Belinda, Perdita, Puck, Mab, Miranda, Ariel, Umbriel, Titania, Obéron, Francisco, Caliban, Stephano, Trinculo, Sycorax, Margaret, Prospero, Setebos, Ferdinand

Neptune (14)
Nommés d'après des divinités marines.

Naïade, Thalassa, Despina, Galatée, Larissa, Protée, Triton, Néréide, Halimède, Sao, Laomédie, Psamathée, Néso, 1 non nommé

Satellites connus des planètes naines

Pluton (5)
Nommés d'après des personnages du royaume des morts de la mythologie grecque*.

Charon, Styx, Nix, Kerbéros (Cerbère), Hydre

---

* À vrai dire, Nix est la déesse égyptienne de la nuit. Le satellite aurait dû s'appeler *Nyx*, qui est la déesse grecque, mais un astéroïde portait déjà son nom. L'orthographe égyptienne s'est donc imposée pour éviter toute confusion.

Hauméa (2)

Nommés d'après des divinités hawaïennes.

Namaka, Hi'iaka

Éris (1)

Nommé d'après la déesse grecque de l'anarchie, Éris étant la déesse de la discorde.

Dysnomie

LES JUMEAUX

Statistiques :

- Il naît en moyenne une paire de jumeaux pour 85 naissances.
- Seul un tiers de ces jumeaux sont monozygotes (« vrais jumeaux »).
- Aujourd'hui le nombre de jumeaux ou triplés est estimé à environ 125 millions soit 1,9 % de la population mondiale.
- Le taux de naissance de jumeaux varie significativement d'une ethnie à l'autre. Le plus bas est en Asie, le plus élevé en Afrique. C'est dans l'ethnie des Yorubas (bassin du fleuve Niger) que la fréquence est la plus élevée : près de 10 % des nouveau-nés sont des jumeaux.
- Le nombre de naissances multiples a explosé ces cinquante dernières années dans les pays industrialisés. Les raisons en sont l'âge plus avancé des mères et l'utilisation de la fécondation médicalement assistée, qui favorisent une hyperovulation. Aux États-Unis, le taux de gémellité a augmenté de 76 % entre 1980 et 2009, passant de 18,9 à 33,3 naissances pour mille.
- En cas de procréation médicalement assistée, la probabilité pour qu'un couple donne naissance à des jumeaux monte à 25 % (contre 1,6 % naturellement).

Les jumeaux monozygotes ou « vrais jumeaux » sont issus de la séparation en deux de la cellule-œuf, fécondée par un seul spermatozoïde. Les vrais jumeaux possèdent donc le même patrimoine génétique.

Les dizygotes ou « faux jumeaux » sont issus de deux fécondations distinctes, ils proviennent chacun de deux spermatozoïdes différents. D'un point de vue génétique, les faux jumeaux ne sont donc pas différents de deux frères ou sœurs ordinaires. Il arrive même que des jumeaux dizygotes aient des pères différents, parce que leur mère a eu des rapports sexuels avec deux partenaires dans un intervalle de temps très court !

Les vrais jumeaux sont très semblables, mais ne sont pas non plus parfaitement identiques. Cela nous en apprend beaucoup sur les facteurs qui président au développement d'un individu : l'ADN ne fait pas tout. Sans même parler de la personnalité, l'aspect physique dépend aussi de l'environnement extérieur physique, médical, éducatif, culturel... Des vrais jumeaux séparés par la vie auront moins de chances d'être confondus que des jumeaux qui n'ont jamais été séparés. En toute logique, ils développent plus fréquemment que des frères et sœurs normaux les mêmes maladies génétiques : 30 à 40 % pour le diabète et 15 % pour la sclérose en plaques par exemple. On remarque souvent que les jumeaux parlent leur propre « langage secret », en fait pas différent d'un langage élaboré au sein d'un couple très fusionnel d'amis ou d'amoureux : cela s'appelle la « cryptophasie ».

QUAND 2 SECONDES SE SERONT ÉCOULÉES...

150 arbres auront été coupés par l'homme. Chaque année, de 130 000 à 150 000 km² de forêt disparaissent, l'équivalent de la surface de la Belgique. Il y a, en 2016, 3 000 milliards d'arbres sur terre. Il y en avait 6 600 milliards il y a 12 000 ans.

LE CHIEN OU LA VACHE ?

Qui du chien ou du bœuf a été domestiqué en premier par l'homme ? Les premiers bovidés à avoir été domestiqués appartenaient à une espèce aujourd'hui éteinte, l'auroch (*Bos primigenius*), qui vivait il y a 10 000 ans dans des régions qui correspondent à la Turquie et au Pakistan actuels. Cette première domestication a été suivie de deux autres « événements de domestication », en Europe centrale et dans le sous-continent indien, qui ont donné naissance à deux lignées différentes de bovidés : le zébu et le taureau. Le zébu (*Bos primigenius indicus*) a été domestiqué il y a environ 9 000 ans. Il se distingue par sa bosse de graisse sur le dos, et ses longues oreilles tombantes. Originaire d'Asie du Sud, cet animal est habitué aux températures élevées. Il sert comme animal de trait dans les champs et est consommé pour sa viande et son lait. Le taureau, lui, a été domestiqué en Europe il y a 8 000 ans et s'est répandu jusqu'en Chine, en Mongolie et en Corée, il y a 5 000 ans environ.

Mais ce sont bien les chiens qui furent les premiers animaux domestiques. Une étude de 2014 montre que tous les chiens domestiques viennent d'un seul et même « événement de domestication », survenu il y a entre 11 000 et 16 000 ans environ. Cette domestication a eu lieu bien avant la naissance de l'agriculture et de l'élevage, à l'époque où l'homme était chasseur-cueilleur. L'ancêtre commun du chien et du loup s'est éteint il y a des milliers d'années. Comment a-t-il été apprivoisé par l'homme ? Les scientifiques pensent que des meutes errantes de ces loups ont suivi les hommes qui chassaient le mammouth laineux ou d'autres grosses proies, et qu'ils se régalaient des restes de viande. Petit à petit, les loups se sont habitués à la présence des humains, jusqu'à partager la chaleur de leur feu de bois.

EN ARCTIQUE RIEN NE VA PLUS

En juin 2015, des ours blancs ont été vus pour la première fois en train de dévorer des dauphins. Pour les chercheurs norvégiens qui ont assisté à cette scène, elle est une conséquence directe du réchauffement climatique, le recul des glaces rapprochant les cétacés des pôles et donc des ours polaires. D'autres espèces devraient s'ajouter à l'alimentation du mammifère polaire ces prochaines années. Une attitude plutôt rare chez l'ours a été également observée : l'animal a recouvert de neige le dauphin pour le cacher aux autres prédateurs et le manger plus tard.

Type	Espèce	Nom vernaculaire	Répartition géographique	Population estimée	Menaces
Mammifère	*Rhinoceros sondaicus*	Rhinocéros de Java	Parc national d'Ujung Kulon, Java, Indonésie	< 58	• chasse destinée à la médecine traditionnelle • population de taille réduite
Mammifère	*Rhinopithecus avunculus*	Rhinopithèque du Tonkin	Nord-est du Viêt Nam	< 200	• perte d'habitat • chasse
Plante	*Rhizanthella gardneri*		Australie-Occidentale, Australie	< 100	• déforestation destinée à l'agriculture • changement climatique • salinisation des sols
Mammifère	*Rhynchocyon*	Macroscélidé de Peters	Forêt de Boni-Dodori, région de Lamu, Kenya	Inconnue	• perte d'habitat due au développement humain
Insecte	*Risiocnemis seidenschwarzi*		Ruisseau annexe au fleuve Kawasan, Cebu, Philippines	Inconnue	• destruction de l'habitat
Plante	*Rosa arabica*		Mont Sainte-Catherine, Égypte	Inconnue, 10 sous-populations	• surpâturage • changement climatique et sécheresse • utilisation à des fins médicinales • faible périmètre de répartition

Mammifère	*Salanoia durrelli*		Marais du lac Alaotra, Madagascar	Inconnue	• perte d'habitat
Mammifère	*Santamartamys rufodorsalis*	Rat d'arbre roux	Sierra Nevada de Santa Marta, Colombie	Inconnue	• développement urbain • culture du café
Poisson	*Scaturiginichthys vermeilipinnis*		Réserve d'Edgbaston, Queensland, Australie	2 000 à 4 000	• prédation par des espèces introduites
Poisson	*Squatina squatina*	Ange de mer commun	Îles Canaries	Inconnue	• chalutage du benthos
Oiseau	*Sterna bernsteini*	Sterne d'Orient	Nidifie au Zhejiang et au Fujian, Chine. En dehors de la période de reproduction, vit en Indonésie, en Malaisie, aux Philippines, à Taïwan et en Thaïlande.	< 50	• destruction de l'habitat • ramassage des œufs
Poisson	*Sygnathus watermeyeri*		De l'estuaire de Kariega à l'estuaire d'East Kleinemonde, province du Cap oriental, Afrique du Sud	Inconnue	• construction de barrages • épisodes de crues dans les estuaires

Plante	*Tahina spectabilis*		District d'Analalava, Mada-gascar	90	• feux de forêt • abattage des arbres • développe-ment de l'agri-culture
Amphibien	*Telma-tobufo bullocki*	Crapaud à tête de bœuf	Nahuelbuta, province d'Arauco, Chili	Inconnue	• construction de centrales hydro-élec-triques
Mammifère	*Tokudaia muenninki*		Île d'Oki-nawa, Japon	Inconnue	• perte d'ha-bitat • prédation par les chats sauvages
Poisson	*Trigono-stigma somphongsi*		Bassin du Mae Klong, Thaïlande	Inconnue	• création de surfaces agricoles et urbanisation
Poisson	*Valencia letourneuxi*		Sud de l'Albanie, ouest de la Grèce	Inconnue	• destruction de l'habitat • extraction des eaux souterraines • interactions agressives avec les pois-sons du genre *Gambusia*
Plante	*Voanioala gerardii*	(palmier)	Péninsule de Masoala, Madagascar	< 10	• déforesta-tion • récolte pour la consomma-tion de cœurs de palmier

Mammifère	Zaglossus attenboroughi	Échidné d'Attenborough	Monts Cyclope, province de Papua, Indonésie	Inconnue	• dégradation de l'habitat • abattage des arbres • création de surfaces agricoles • chasse par les populations locales

5 % DANS LE CERVEAU

C'est l'énergie dépensée chaque seconde par notre cerveau uniquement pour la vision. C'est comparativement le sens qui puise le plus d'énergie.

ALZHEIMER N'EFFACE PAS LA MÉMOIRE

Cette découverte, annoncée au mois de mars de 2016, ravive l'espoir de guérir un jour les patients atteints de la « maladie du siècle » et, dans un avenir moins lointain, de mieux comprendre son fonctionnement. Pour arriver à cette conclusion, les scientifiques ont fait des expériences sur les souris. Une souris saine et une souris « Alzheimer » étaient placées dans une cage et recevaient une décharge électrique. Vingt-quatre heures plus tard, elles étaient de nouveau placées dans la cage. La souris saine, se souvenant du choc de la veille, montrait des symptômes de peur, quand l'autre ne réagissait pas. Les chercheurs ont ensuite stimulé par une lumière bleue le réseau de neurones associés aux souvenirs chez la souris malade : voilà qu'à son tour elle présentait des signes d'angoisse ; elle avait donc recouvré la mémoire. La maladie d'Alzheimer n'efface pas les souvenirs, elle les rend simplement inaccessibles.

UNE PILULE POUR EFFACER
LES MAUVAIS SOUVENIRS

Dans une étude publiée en mars 2016 dans la revue *Nature*, des chercheurs du Laboratoire européen de biologie moléculaire situé à Heidelberg en Allemagne ont présenté une voie cérébrale liée à l'effacement actif de souvenirs. Ils ont étudié cette zone chez la souris dans une région de son hippocampe et ont découvert que le cerveau était capable d'apprendre tout en activant un circuit neuronal permettant d'oublier.

En procédant au blocage du réseau de souvenirs de l'hippocampe, les scientifiques sont parvenus à ralentir fortement les connexions neuronales de la souris et à effacer ses souvenirs ! Au point que l'animal a perdu en quelques minutes tout ce qu'il avait appris en une semaine. Les chercheurs allemands envisagent de mettre au point un médicament qui permettrait d'effacer certaines zones de la mémoire pour traiter par exemple les souvenirs traumatiques. La réalité pourrait donc, dans quelques années, dépasser la fiction.

LISTE DES ALLERGÈNES

Acariens
Pollens de graminées
Poils de chat
Blattes et cafards
Pollens de bétulacées (aulne, bouleau, charme, noisetier)
Moisissures (*Alternaria*, *Cladosporium*)
Poils de lapin
Lavande (essence de lavande)
Latex
Certains sérums et vaccins
Antibiotiques : pénicillines, céphalosporines
Venins d'hyménoptères (abeilles, bourdons, guêpes, frelons...)

Allergènes alimentaires (par ordre de fréquence) :
Œuf
Arachide
Poisson
Lait

Soja, lentilles, pois
Bœuf
Crustacés
Moutarde
Noisette
Noix de coco
Porc

Très rare
[
Poulet
Ail
Tournesol
Carotte
Amande
Pêche
Blé
Tomate

LES SYMBOLES ASTRONOMIQUES

Des symboles astronomiques sont utilisés depuis l'Antiquité tardive pour représenter les différents corps célestes. Ils se multiplient et se fixent en nomenclature à partir du XVIIIe siècle, à mesure que l'on identifie de nouveaux objets dans le ciel. Jusqu'au début du XXe siècle, ils sont utilisés par les astronomes eux-mêmes, qui finissent par les délaisser peu à peu, à l'exception des symboles de la Terre et du Soleil, qu'on retrouve dans la notation de certaines constantes astronomiques. Par exemple correspond au rayon solaire (environ $6,957 \times 10^8$ m) l'unité de longueur conventionnellement utilisée pour exprimer la taille des étoiles. Ils furent aussi employés par les alchimistes, le Soleil représentant l'or, la Lune l'argent, Vénus le cuivre, etc. Aujourd'hui on ne les retrouve guère plus que dans les almanachs et les publications astrologiques. Ils appartiennent au folklore charmant d'une époque où la science entretenait encore quelques liens avec la mythologie et l'ésotérisme.

CORPS PRINCIPAUX

Nom	Symbole	Signification
Soleil	☉	Disque solaire
Mercure	☿	Casque ailé et caducée de Mercure, ou simplement un caducée stylisé
Vénus	♀	Miroir de Vénus
Terre	♂	Orbe ou symbole de Vénus inversé
	⊕	Globe terrestre avec équateur et méridien
Lune	☽	Croissant de Lune, premier quartier
	○	Pleine Lune
	☾	Croissant de Lune, dernier quartier
	●	Nouvelle Lune
Mars	♂	Lance et bouclier de Mars
Jupiter	♃	Foudre ou aigle de Jupiter ; ou encore le zêta grec pour Zeus, le dieu grec analogue à Jupiter
Saturne	♄	Faucille de Saturne
Uranus	♁	Platine. Symbole créé par Johann Elert Bode, l'astronome allemand ayant donné son nom à Uranus. C'est une version alternative du symbole alchimique du platine, fusion des symboles lunaire et solaire.
	♅	Globe surmonté de la lettre H pour William Herschel, l'astronome anglais ayant découvert Uranus. Plus courant dans la littérature ancienne et surtout britannique.
Neptune	♆	Trident de Neptune
	♆	Globe surmonté des lettres L et V pour Urbain Le Verrier, l'astronome français ayant découvert Neptune. Plus courant dans la littérature ancienne et surtout française.

PLANÈTES MINEURES

Cérès	⚲	Faucille renversée
Pallas	⚴	Lance
Junon	⚵	Sceptre surmonté d'une étoile
Vesta	⚶	Autel surmonté d'un feu
Astrée	⚷	Ancre
	⚖	Paire de balances
Hébé	♈	Verre de vin
Iris	🌈	Arc-en-ciel avec une étoile à l'intérieur
Flore	⚘	Fleur
Métis	👁	Œil surmonté d'une étoile
Hygie	⚚	Serpent surmonté d'une étoile
	☤	Bâton d'Asclépios
Parthénope	♓	Poisson surmonté d'une étoile
	⚖	Harpe
Victoria	✹	Étoile et branche de laurier
Égérie	⚙	Bouclier surmonté d'une étoile
Irène	☮	Colombe portant un rameau d'olivier à la tête surmontée d'une étoile
Eunomie	♡	Cœur surmonté d'une étoile
Psyché	⚶	Aile de papillon surmontée d'une étoile
Thétis	♒	Dauphin surmontant une étoile
Melpomène	↕	Dague surmontant une étoile
Fortune	⚙	Roue surmontée d'une étoile
Proserpine	⚘	Grenade avec une étoile au centre
Bellone	⚔	Fouet et lance
Amphitrite	♋	Coquillage surmonté d'une étoile
Leucothée	☞	Phare ancien
Fidès	†	Croix latine
Pluton	♇	Monogramme PL
	⚹	Symbole de Neptune avec un cercle à la place de la pointe centrale du trident

LE RAT-TAUPE NU, MONSTRE PRODIGIEUX

Il est moche, petit, aveugle, et pourtant c'est un animal extraordinaire. *Heterocephalus glaber* est un rongeur aux facultés d'adaptation et de résistance uniques dans le règne animal. Ses représentants, qui vivent en colonie comme les abeilles, atteignent en moyenne les trente ans ; à l'échelle des rongeurs, cela équivaudrait à six cents années humaines. Il doit sa longévité hors du commun à une immunité infaillible contre les maladies cardio-vasculaires, la dégénérescence nerveuse et le cancer. C'est surtout cette dernière résistance qui intéresse les scientifiques. Ils ont découvert que le rat-taupe produisait une grande quantité d'acide hyaluronique afin de rendre sa peau plus élastique et plus épaisse, et ainsi se protéger contre les blessures dans les tunnels où il vit. Du même coup, cet acide hyaluronique agit comme une sorte de cage autour des molécules de la matrice extracellulaire et isole le développement de tumeurs potentielles. Le rongeur possède un autre super-pouvoir : il est manifestement insensible à la douleur. Il ne réagit en effet ni à la brûlure, ni à l'acide, ni à aucun autre type d'agressions physiques. Son secret est qu'il ne produit pas le neurotransmetteur de la douleur, appelé « substance P ». Il est ainsi prêt à se battre jusqu'à la mort pour protéger la reine reproductrice, la seule parmi la colonie à être dotée d'un instinct de survie.

L'ASPIRINE

Médicament le plus connu du monde, médicament le plus consommé, l'aspirine est commercialisée sous la forme que nous lui connaissons depuis la toute fin du XIXe siècle. Son nom vient de la fleur dont on peut l'extraire, la spirée ou reine-des-prés. Mais sa substance se trouve aussi dans l'acide salicylique contenu dans le saule, d'où son nom scientifique d'acide acétylsalicylique. Les vertus du saule sont connues depuis plus de 5 000 ans. Les Sumériens utilisaient déjà des décoctions à base de son écorce pour soulager les douleurs et les inflammations. Pline l'Ancien aussi en fait mention, et on retrouve ces usages au Moyen Âge. L'acide salicylique est identifié en 1835, puis on parvient à synthétiser sa molécule quelques années plus tard. C'est le chimiste strasbourgeois Charles Frédéric Gerhardt qui, en 1853, ajoute l'acétyle à la préparation : l'aspirine est née, mais sous une forme trop impure et les travaux de Gerhardt tombent dans l'oubli. Le travail ne sera achevé qu'à la fin du XIXᵉ siècle par l'Allemand Felix Hoffmann, travaillant pour le compte des laboratoires Bayer. Le produit est baptisé et vendu par Bayer à partir de 1899. Aujourd'hui, l'aspirine reste l'antalgique le plus populaire. Il y en avait même dans la trousse d'urgence des astronautes de la mission *Apollo 11*.

PAYS LES PLUS BOISÉS DU MONDE

Ces données sont celles de la FAO, l'Organisation des Nations unies pour l'alimentation et l'agriculture (2005) :

Pays	Surface boisée (en millions d'ha)
Russie	809 000 000
Brésil	478 000 000
Canada	310 000 000
États-Unis	303 000 000
Chine	197 000 000
Australie	164 000 000
République démocratique du Congo	134 000 000
Indonésie	88 000 000
Pérou	69 000 000
Inde	68 000 000

CLASSIFICATION DES FORÊTS

Les superficies boisées du monde sont réparties en cinq groupes en fonction de leur nature :
– Forêt primaire : composée d'espèces indigènes, sans trace visible d'activité humaine.
– Forêt naturelle modifiée : composée d'espèces indigènes, avec des traces d'activité humaine et une régénération naturelle.
– Forêt semi-naturelle : gérée selon les règles de la sylviculture et aménagée selon des besoins prédéfinis.
– Plantation de production : espèces introduites (et parfois indigènes) par semis ou plantation pour la production de bois ou de produits non ligneux.

– Plantation de protection : espèces indigènes ou introduites par semis ou plantation pour la protection des sols, des eaux, la conservation de la biodiversité.

CARACTÉRISTIQUES DES FORÊTS DU MONDE (2005)

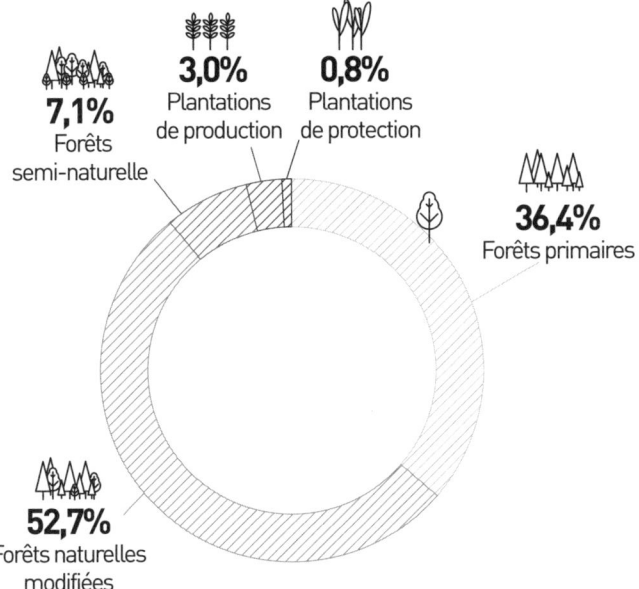

7,1%
Forêts
semi-naturelle

3,0%
Plantations
de production

0,8%
Plantations
de protection

36,4%
Forêts primaires

52,7%
Forêts naturelles
modifiées

Les forêts primaires représentent encore plus du tiers des forêts du monde, mais chaque année, six millions d'hectares disparaissent, soit par déforestation, soit par modification.

Les plantations de production et de protection ont progressé de 2,8 millions d'hectares par an entre 2000 et 2005. Elles couvrent désormais 140 millions d'hectares, principalement au bénéfice des plantations de production.

PALMIERS

D'un point de vue botanique, les palmiers ne sont pas des arbres mais des herbes géantes. Ils n'ont pas de tronc mais un « stipe », constitué de fibres et non de bois. Ce stipe est de diamètre constant de la base jusqu'à la cime, où de larges feuilles ou palmes s'ouvrent en bouquet. Sa taille à maturité varie considérablement selon l'espèce et le climat : certains palmiers ne font pas plus de 2 mètres, quand d'autres peuvent atteindre les 20 mètres. Les premières traces fossiles de palmiers remontent à plus de 120 millions d'années. Enfin c'est d'un palmier que vient la plus grosse graine du monde : la fameuse « coco-fesse » du cocotier de mer des Seychelles. Elle atteint en moyenne les 20 kilos.

SEULS DANS LA VOIE LACTÉE?

Combien y a-t-il de civilisations intelligentes dans notre galaxie ? C'est ce que tente d'estimer la célèbre expression mathématique proposée par l'astronome américain Frank Drake en 1961.

Pour cela on part du nombre d'étoiles en formation chaque année dans la galaxie, noté $R*$. Ensuite on le multiplie par le nombre de ces étoiles possédant des planètes, noté fp, et le nombre moyen de planètes potentiellement propices à la vie, noté ne. Il faut ensuite multiplier cette quantité par la probabilité que la vie intelligente apparaisse effectivement sur une planète. On peut décomposer cette probabilité en deux parties : la probabilité que la vie apparaisse, notée fl, et la probabilité que la vie, une fois apparue, évolue vers une forme intelligente, notée fi. On obtient donc un premier morceau d'équation qui nous donne le nombre de civilisations intelligentes susceptibles d'exister dans la Voie lactée :

$$R* \times fp \times ne \times fl \times fi$$

Mais nous n'avons pas encore de réponse à notre question. En effet il ne faut pas simplement calculer le nombre de civilisations intelligentes susceptibles d'exister dans la Voie lactée, il faut tenir compte du fait que pour détecter une civilisation aujourd'hui, il faut aussi tomber au bon moment ! Il faut exclure de notre calcul toutes les civilisations qui ne sont pas encore au niveau technologique pour émettre des signaux, mais aussi toutes celles qui l'ont été mais se sont éteintes depuis. On ajoute donc le facteur, qui désigne non pas la durée de vie d'une civilisation, mais plus précisément la durée pendant laquelle elle est en mesure d'émettre des signaux dans l'espace. En multipliant notre expression précédente par cette probabilité, on obtient le nombre de civilisations extra-terrestres actuellement détectables dans la Voie lactée.

Alors combien ? Il y a bien sûr de considérables désaccords sur les valeurs à assigner à ces paramètres. Voici celles adoptées par Drake et ses collègues en 1961 :

$$R^* = 1 \text{ par an}$$
$$fp = 0,5$$
$$ne = 2$$
$$fl = 1$$
$$fi = 0,01$$
$$L = 10\ 000 \text{ ans}$$

Ce qui donnait N = 10 civilisations en mesure de communiquer dans la Voie lactée.

QUAND 2 SECONDES SE SERONT ÉCOULÉES...

24 yaourts encore consommables auront été jetés en France. Cela représente 365 millions de yaourts gaspillés chaque année.

QUAND LE GROENLAND ET LE SAHARA ÉTAIENT VERTS

Bien que cela puisse nous paraître étonnant aujourd'hui, le Groenland, « Terre verte » en islandais, porte bien son nom. Ce pays aujourd'hui recouvert d'une épaisse calotte glaciaire était en effet recouvert de pins, d'ifs et d'aulnes il y a de cela 450 000 ans. C'est ce qu'ont pu établir des paléoclimatologues en étudiant l'ADN fossile conservé intact dans la glace. Les températures ne descendaient pas en dessous de – 17 °C l'hiver et atteignaient les 10 °C l'été. Papillons, mouches, scarabées, mammouths et bisons peuplaient cette région, avant qu'elle ne devienne le désert de glace qu'elle est aujourd'hui.

L'histoire du Sahara est encore plus récente. Vers l'an 9000 av. J.-C., c'était encore une région très verte et humide où vivaient éléphants, girafes et hippopotames, comme le prouvent les peintures préhistoriques trouvées là-bas. Il y a 4 900 ans précisément, à la fin de la « période africaine humide », un changement brutal s'est produit. Le climat a basculé pour transformer, en à peine deux siècles, le Sahara en désert aride. On sait aussi qu'avant cela, il y a 86 000 ans, le Sahara était encore plus sec et poussiéreux qu'il ne l'est aujourd'hui. Son histoire géologique alterne donc entre désert et zone verte, et cela depuis sept millions d'années.

LES COUCHES DE LA PEAU

L'épiderme	Le derme	L'hypoderme
C'est la partie supérieure de notre peau. Il est aussi celle qui se renouvelle le plus. Les cellules qui composent sa partie la plus profonde sont les kératinocytes ; ce sont elles qui se chargent en grains de mélanine, ce pigment qui colore notre peau pour nous protéger des rayons ultra-violets.	C'est la couche la plus épaisse. Grâce à une forte teneur en collagène, il est beaucoup plus résistant, solide et élastique que l'épiderme. On y trouve la racine des poils, les glandes sudoripares (qui fabriquent la sueur), les glandes sébacées (qui fabriquent le sébum), les vaisseaux sanguins et les éléments nerveux qui font de la peau l'organe du toucher. Il fonctionne comme une couche nourricière pour l'épiderme.	L'hypoderme est la couche la plus profonde de la peau. C'est donc l'interface immédiate entre la peau et les organes qu'elle recouvre. Il remplit un rôle de réserve énergétique et d'isolant thermique. Il est partout sauf au niveau des oreilles, des paupières et des organes génitaux externes masculins. Il est très épais sur les talons et les fesses, pour résister aux pressions.

LES ÉLÉPHANTS, CES CYCLOPES PRÉHISTORIQUES

Une source possible de la légende des cyclopes pourrait être les crânes préhistoriques d'éléphants nains que les Grecs trouvaient en Sicile ou en Crète. La large cavité nasale au centre du crâne (pour la trompe) aurait été prise pour une orbite oculaire de grande taille. Les Grecs antiques connaissant très mal l'apparence des éléphants vivants et n'ayant probablement jamais vu de crâne de ces animaux, ils avaient peu de chances de reconnaître l'origine exacte de ces crânes, faisant plus du triple de la taille de celui d'un humain.

TREMBLEMENTS DE TERRE

Les séismes les plus violents ne se contentent pas de faire trembler la surface du globe : ils le font aussi dévier de son axe ! Et cela en modifiant, par leur puissance, la répartition de la masse de notre planète. Après le tremblement de terre au Chili du 27 février 2010, les sismologues avaient estimé que l'axe de la Terre s'était décalé de 8 centimètres, raccourcissant du même coup nos journées d'environ 1,26 microseconde. Après le séisme japonais de 2011, responsable de la catastrophe de Fukushima, la figure de la Terre avait changé d'environ 17 centimètres. De séisme en séisme, la Terre tourne donc de plus en plus vite, mais ces changements sont bien trop ténus pour avoir une incidence sur notre vie quotidienne.

RECORDS DE TEMPÉRATURES

Continent	FROID		
	Température	**Lieu**	**Date**
Monde	**– 89,2 °C**	Vostok, Antarctique	21 juillet 1983
Afrique	**– 23,9 °C**	Ifrane, Maroc	11 février 1935
Amérique du Nord	**– 63,0 °C (sans Groenland)**	Snag, Yukon, Canada	2 février 1947
	– 66,1 °C (avec Groenland)	Northice, Groenland	9 janvier 1954
Amérique du Sud	**– 38,9 °C**	Sarmiento, Argentine	juin 1907
Antarctique	**– 89,2 °C**	Vostok, Antarctique	21 juillet 1983
Asie	**– 67,8 °C**	Verkhoyansk, Russie	5 et 7 février 1892
		Oïmiakon, Russie	6 février 1933

| Europe | – 58,1 °C | Ust 'Schugor (près de Petchora dans l'Oural), Russie | 31 décembre 1978 |
| Océanie | – 23 °C | Charlotte Pass, Australie | 29 juin 1994 |

Continent	CHAUD		
	Température	Lieu	Date
Monde	56,7 °C	Furnace Creek, Californie, États-Unis	10 juillet 1913
Afrique	55 °C	Kébili, Tunisie	7 juillet 1931
Amérique du Nord	56,7 °C	Furnace Creek, Californie, États-Unis	10 juillet 1913
Amérique du Sud	48,9 °C	Rivadavia (Mendoza), Argentine	11 décembre 1905
Antarctique	15,9 °C	Base Esperanza	11 octobre 1976
Asie	54 °C	Tirat-Zvi, Israël	21 juin 1942 (sous mandat britannique)
Europe	48,0 °C	Athènes, Grèce	10 juillet 1977
Océanie	50,7 °C	Oodnadatta, Australie	2 janvier 1960

Un satellite de la NASA a été en mesure d'établir un nouveau record, même si celui-ci n'est pas homologué par l'Organisation météorologique mondiale (qui ne reconnaît que les températures relevées *in situ*). L'endroit le plus froid de la Terre se trouverait en Arctique, mais au nord de la base russe de Vostok, en plein cœur du désert de glace : la température de −93,2 °C y a été relevée le 10 août 2010.

LE PLUS GRAND TÉLESCOPE DU MONDE

Inauguré en 2013 dans le désert d'Atacama au nord du Chili, à plus de 5 000 mètres d'altitude, ALMA (Atacama Large Millimeter/submillimeter Array) constitue le plus grand observatoire astronomique du monde. Il est le fruit d'un projet mondial à un milliard d'euros, répartis entre l'Europe, les États-Unis et le Japon. Le dispositif astronomique est capable de voir plus loin que tout ce que les télescopes du monde ont pu détecter jusqu'ici. Ses soixante-six antennes peuvent agir comme un seul œil géant de 16 kilomètres de diamètre. En juillet 2014, ALMA a par exemple observé à plus de 11 000 années-lumière de la Terre l'embryon d'une étoile gigantesque, qui devrait devenir jusqu'à cent fois plus grosse que le Soleil. Les astrophysiciens peuvent depuis lors étudier le mécanisme de formation de cet astre de taille exceptionnelle. Un télescope encore plus performant est déjà en construction, sous le ciel dégagé du désert chilien. Il entrera en fonction dès 2021 et produira des images dix fois plus nettes que celles du télescope spatial Hubble. Son objectif principal sera de découvrir des planètes similaires à la Terre dans les confins du cosmos.

DISTINGUER DES ANIMAUX COUSINS

Crocodile et alligator

Le crocodile a la gueule plus fine et pointue que l'alligator, qui a un museau large et arrondi. Quand la gueule du crocodile se ferme, on peut voir deux dents du bas qui restent à l'extérieur, en plus de la plupart des dents du haut. Chez l'alligator, seules les dents du haut restent à l'extérieur. Les crocodiles sont répartis dans de nombreuses régions chaudes (Afrique, Asie, Amérique, Australie...). L'alligator à proprement parler ne compte que deux espèces : l'alligator d'Amérique et l'alligator de Chine. Mais on range aussi les caïmans, qui vivent en Amérique du Sud et centrale, dans la famille des alligators.

Chouette et hibou

Le hibou n'est pas le mari de la chouette ! Il s'agit là de deux sortes de rapaces. Les hiboux possèdent au sommet du crâne des petites plumes en forme de cornes que l'on nomme aigrettes. Elles lui dessinent ce qu'on confond souvent avec des oreilles, alors qu'elles ne jouent aucun rôle dans l'audition. La chouette est caractérisée par sa tête toute ronde. Nombre de langues ne font pas la différence entre ces deux oiseaux (*owl* désigne indifféremment la chouette et le hibou en anglais).

Chameau et dromadaire

La différence est bien connue : le chameau possède deux bosses quand le dromadaire n'en a qu'une. Tous deux y stockent de la graisse, qui leur permet de marcher de nombreux jours sans manger ni boire. Ces deux animaux ne se rencontrent jamais : le premier est originaire d'Asie, quand le second vient d'Afrique. Cette différence de répartition explique pourquoi ils n'ont pas le même nombre de bosses : le chameau, qui vit dans les déserts plus froids d'Asie (Chine et Mongolie), a besoin de plus d'énergie que son cousin africain pour survivre au froid.

Éléphant d'Afrique et éléphant d'Asie

Comme leur nom l'indique, ces animaux ne vivent pas dans les mêmes régions de la planète. L'appellation éléphant d'Afrique regroupe en fait deux espèces différentes (l'éléphant de savane et l'éléphant de forêt). L'éléphant d'Asie constitue la troisième et dernière espèce survivante de la famille des éléphantidés. L'éléphant d'Afrique est bien plus haut et gros que l'éléphant d'Asie. Ses oreilles sont bien plus grandes, même en proportion. Le mâle et la femelle possèdent des défenses alors que, chez l'éléphant d'Asie, seul le mâle en est pourvu. Le front de l'éléphant d'Afrique est bombé, alors que celui de l'éléphant d'Asie est plutôt concave. Enfin, la trompe du premier est terminée par deux petites lèvres triangulaires, alors que celle de son cousin d'Asie n'en comprend qu'une.

Grillon, criquet et sauterelle

Tous trois appartiennent à l'ordre des orthoptères, dont l'étymologie grecque signifie qu'ils ont les ailes droites. La seule couleur ne vous aidera pas beaucoup à les différencier : ils peuvent tous être verts ou marron, même si les grillons européens sont toujours bruns. Les antennes sont un meilleur indicateur : le criquet a des antennes courtes et épaisses, alors que le grillon et la sauterelle ont des antennes souvent plus longues que leur corps et fines. Pour différencier un grillon d'une sauterelle, l'idéal est d'avoir affaire à deux femelles et de comparer leur oviscapte (cet organe pointu, au bout de l'abdomen, qui leur sert à pondre dans le sol). L'oviscapte est cylindrique chez le grillon et aplati, comme une lame, chez la sauterelle. De plus la sauterelle a ses pattes arrière bien plus collées à son corps que le grillon. On notera enfin que le criquet est exclusivement végétarien, quand le grillon et la sauterelle sont omnivores ; ils peuvent donc s'attaquer à d'autres petits insectes.

Blatte, cafard et cancrelat
C'est la même chose ! Ces noms vernaculaires désignent indifféremment les espèces appartenant au genre *Blattodea*. On parle aussi de coquerelles au Québec et de ravets aux Antilles.

LOGIES 4/4

- **Anthropologie : étude de l'être humain (ici dans ses aspects culturels)**
    - Ethnologie : étude des différents peuples
    - Démologie : étude du peuple et de ses représentations
    - Médiologie : étude des transmissions des cultures et des techniques
    - Gérontologie : étude du vieillissement
    - Thanatologie : étude de la mort
    - Psychologie : étude des faits psychiques
        - Onirologie : étude des rêves
        - Gélotologie : étude du rire
        - Sexologie : étude de la sexualité
        - Traumatologie : étude des traumatismes psychiques
    - Épistémologie : étude de l'histoire et des méthodes des sciences ; science de la science
    - Archéologie : étude des vestiges anciens
        - Dactyliologie : étude des pierres gravées et des anneaux
        - Céramologie : étude des objets en céramique
        - Amphorologie : étude des amphores
        - Iconologie : étude des images et des monuments antiques
        - Égyptologie : étude de l'Égypte antique
        - Olmécologie : étude de la civilisation olmèque
        - Byzantinologie : étude de la civilisation byzantine
        - Assyriologie : étude de la civilisation mésopotamienne
        - Étruscologie : étude de la civilisation étrusque
    - Bibliologie : étude des livres, de l'écrit
    - Arithmologie : étude des nombres en tant que symboles

- Musicologie : étude de la musique
- Campanologie : étude des cloches et carillons, et de leur répertoire musical
- Molinologie : étude des moulins
- Vexillologie : étude des drapeaux et étendards
- Métrologie : étude des mesures (longueurs, poids, etc.)
- Rudologie : étude des déchets

- **Paléontologie : étude des fossiles**
  - Paléoanthropologie : étude de l'évolution humaine
  - Paléoichnologie : étude des empreintes et des traces fossilisées
  - Paléozoologie : étude des animaux fossiles
  - Ichtyolithologie : étude des poissons fossiles
  - Paléobotanique : étude des végétaux fossiles
  - Carpologie : étude des graines et des fruits fossiles
  - Paléoécologie : étude des relations des êtres vivants fossiles avec leur milieu
  - Paléolimnologie : étude des lacs par leurs sédiments
  - Paléoxylologie : étude des bois fossiles
  - Paléoclimatologie : étude des climats des temps reculés

- **Physique et chimie**
  - Rhéologie : étude des phénomènes d'écoulement de la matière
  - Radiologie : étude des rayons X
  - Tribologie : étude des frottements
  - Zymologie : étude de la fermentation
  - Cryologie : étude des très basses températures

EXTRÊMOPHILES

Un organisme est dit extrêmophile quand il se développe dans des conditions qui seraient mortelles pour la plupart des autres organismes, à savoir dans des températures très basses ou très élevées. Certains insectes, poissons et crustacés peuvent faire preuve d'une résistance hors du commun, mais le terme s'applique généralement aux êtres unicellulaires comme les bactéries qui se développent dans les sources hydrothermales ou aux abords des volcans en ébullition. En 2003, des chercheurs de l'université du Massachusetts ont découvert un nouvel organisme capable de survivre dans un milieu plongé à 121 °C. C'est encore à ce jour un record dans le vivant.

L'ARMEMENT NUCLÉAIRE DANS LE MONDE

Le tableau qui suit présente une estimation du nombre d'armes nucléaires stratégiques et tactiques dans le monde au début 2013. Les données sont tirées de l'ouvrage de Jacques Villain et André Motet, *D'Hiroshima à la dissuasion nucléaire*.

	Nombre total estimé des armes nucléaires	Pourcentage approximatif du total mondial des armes nucléaires	Nombre maximum approximatif d'armes nucléaires (date de ce maximum)
États-Unis	Env. 7 700 (dont 2 150 opérationnelles)	44,55 %	31 000 (en 1967)
Russie	Env. 8 000 (dont 4 500 opérationnelles)	49,2 %	40 000 (en 1986)
Chine	Env. 250	1,44 %	250 (en 2013)
France	Env. 300	1,74 %	540 (en 1991 et 1992)
Royaume-Uni	225	1,3 %	500 (de 1973 à 1981)
Israël	Env. 80	0,5 %	80 (depuis 2004)
Inde	90 à 110	0,60 %	110 (en 2013)
Pakistan	100 à 120	0,64 %	120 (en 2013)
Corée du Nord	6 à 8	0,03 %	6 à 8 (en 2013)
Total	Env. 17 270 (dont 6 650 opérationnelles)	100 %	

LA SYPHILIS EST DE RETOUR

On la croyait disparue, mais la maladie sexuellement transmissible revient à l'ordre du jour depuis les années 2000. En France, on recense désormais près de 500 nouveaux cas par an. La syphilis était cette maladie honteuse, tellement XIXe siècle, époque où l'on en mourait dans des proportions épidémiques. Générée par une bactérie transmise lors des rapports sexuels, le tréponème pâle, elle provoque des lésions de la peau et des muqueuses pouvant toucher de nombreux organes. Outre les traces caractéristiques qu'elle laissait sur le visage, elle entraînait des complications sur le cerveau, les nerfs, le cœur et les yeux. On pensait, à tort, que les antibiotiques avaient eu raison d'elle. Mais on observe une recrudescence de cas en Europe depuis dix ans, avec une accélération en 2015 ; l'ampleur n'étant, bien sûr, absolument pas celle de 1900. La cause en est sans doute la hausse des pratiques sexuelles à risque. Il existe aussi une légère augmentation chez les hétérosexuels. Les scientifiques rappellent que le préservatif reste la seule protection contre cette maladie, pour laquelle il n'existe aucun vaccin.

LIEUX DE MARÉES REMARQUABLES

Au Canada : dans la baie d'Ungava, le marnage peut atteindre 17, voire 20 mètres ; et dans la baie de Fundy, 18,50 mètres. Leurs marées se disputent le titre de marées les plus importantes du monde. Viennent ensuite Puerto Gallegos en Argentine (16,80 mètres), l'estuaire de la Severn en Angleterre (16,50 mètres), et la baie de Frobisher au Canada (16,30 mètres).
En Grande-Bretagne : le canal de Bristol, avec 15 mètres de marnage.
En France : dans la baie du Mont-Saint-Michel, où l'on dit que la mer monte « à la vitesse d'un cheval au galop », le marnage atteint 15 mètres. On l'observe entre autres depuis Granville.
En Norvège : le détroit du Saltstraumen, qui remplit un fjord de 400 millions de mètres cubes.
En Australie-Occidentale : les Horizontal Falls (« cascades horizontales »), dans la région du Kimberley, avec 10 mètres de marnage environ. La marée remplit ou vide la petite baie de Talbot qui communique avec la mer de Timor via deux petits détroits superposés. La dénivellation de la surface de l'eau crée ainsi un puissant courant marin qui fait penser à une chute d'eau.

À Pondichéry en Inde et dans certains ports du Viêt Nam, où il n'y a qu'une seule marée par jour.

SUPERCALCULATEURS TOUJOURS PLUS FORTS

Des supercalculateurs 1 000 fois plus puissants et 10 fois moins gourmands en énergie. Voilà ce que promet pour 2020 la grande société en services du numérique Atos. Leur supercalculateur Bull Sequana devrait développer une puissance « exaflopique », capable de calculer 1 milliard de milliards d'opérations par seconde, soit une puissance mille fois supérieure à celle des systèmes actuels. Le Big Data a encore des jours glorieux devant lui.

LA PLUS GRANDE COLONIE D'INSECTES DE LA PLANÈTE

Repérée dans les années 1890, une espèce de fourmis, *Linepithema humile*, a fondé une véritable super-colonie sur les côtes espagnoles et françaises, avançant inexorablement jusqu'à couvrir, en 2002, près de 6 000 kilomètres de côtes ! Tandis que les colonies de fourmis d'une même espèce sont généralement rivales et s'affrontent, celles-ci se reconnaissent comme sœurs et fonctionnent de concert, attaquant les autres espèces sans toutefois s'affronter entre elles. Le plus étonnant est qu'en Argentine, d'où ces fourmis sont originaires, elles se comportent comme toutes les autres : les colonies s'attaquent entre elles. Il semblerait que lorsqu'elles furent implantées en Europe, probablement en infiltrant des bateaux, une première colonie se forma qui ne trouva sur place aucune rivale de son espèce. Petit à petit, ces fourmis finirent par former la plus grande colonie d'insectes de la planète. Une seule colonie de *Linepithema* rivale a réussi à émerger sur les côtes catalanes ; elle est en guerre permanente avec la super-colonie primitive. La Côte d'Azur et la Costa Brava ne suffisant pas à ces conquérantes, on a découvert en 2009 qu'elles s'étaient exportées sur d'autres vastes territoires de par le monde. On a repéré de telles super-colonies au Japon, en Californie, mais aussi en Nouvelle-Zélande et en Australie. Un fait remarquable est que ces super-colonies semblent appartenir à un même clan international, puisqu'une fourmi de la colonie principale d'Europe reconnaît comme sa sœur une fourmi de la super-colonie japonaise ! L'ensemble constitue donc une méga-colonie se distribuant à travers les continents.

LES PLUIES D'ANIMAUX

À notre expression proverbiale : « Il pleut des cordes » répond en anglais une image bien plus extravagante : « *It's raining cats and dogs* » (« Il pleut des chats et des chiens »). La prendre à la lettre pourrait ne pas être si absurde, car les témoignages sont nombreux, à travers l'Histoire, d'un phénomène pour le moins mystérieux : les pluies d'animaux. Il n'y a pas que dans la Bible que les grenouilles tombent du ciel ; le 7 septembre 1953, des milliers de grenouilles se sont abattues sur la ville de Leicester dans le Massachusetts. Déjà au IVe siècle av. J.-C., le Grec Athénée relatait une pluie de poissons qui aurait duré trois jours dans le Péloponnèse. Les exemples sont aussi nombreux que déroutants : des serpents à Memphis en 1877, des canards dans le Maryland en 1969 ou encore des crevettes en Australie en 1978. Longtemps pris pour des affabulations par les scientifiques, on a commencé au XIXe siècle à chercher des explications à ces phénomènes dont la véracité ne faisait plus de doute. En ce qui concerne les pluies d'oiseaux, l'explication la plus satisfaisante est qu'elles seraient dues à des collisions en séries dues à un mouvement de panique au sein des grands rassemblements hivernaux d'oiseaux dans les villes. Pour les autres créatures, terrestres et marines, les scientifiques désignent principalement les trombes marines et les tornades, qui captureraient les animaux pour les déplacer sur d'assez longues distances. Mais un problème résiste à cette explication : comment se fait-il que, le plus souvent, on assiste à la chute d'une espèce animale en particulier ? Même dans le cas des poissons, ce n'est en général qu'une seule espèce qui tombe du ciel. Comment expliquer cette étrange sélection ? Si une tornade est responsable, ne devrait-on pas voir tout un écosystème s'envoler et retomber, petits animaux, plantes, algues, gravier ? Une part d'énigme plane encore sur cette curiosité de la nature.

LES PLAQUES TECTONIQUES

Plaques majeures
Ces sept plaques forment la majeure partie des continents et de l'océan Pacifique :
    plaque africaine
    plaque antarctique
    plaque australienne (parfois indo-australienne ou austral-indienne)
    plaque eurasienne
    plaque nord-américaine
    plaque pacifique
    plaque sud-américaine

Plaques secondaires
À l'exception de la plaque arabique, ces plaques plus petites ne possèdent pas une superficie significative de terres émergées :
- plaque arabique
- plaque caraïbe
- plaque de Cocos
- plaque Juan de Fuca
- plaque de Nazca
- plaque philippine (parfois plaque de la mer des Philippines)
- plaque Scotia (parfois plaque écossaise)

Plaques tertiaires
Ce sont principalement des microplaques dont le statut de plaque tectonique à part entière ne fait pas toujours consensus parmi la communauté scientifique. Elles sont groupées ici avec la plaque majeure ou secondaire à laquelle elles sont généralement associées :

plaque africaine :
    plaque de Madagascar
    plaque nubienne
    plaque des Seychelles
    plaque somalienne
plaque antarctique :
    plaque des Kerguelen
    plaque des Shetland
    plaque des Sandwich
plaque indo-australienne :
    plaque australienne

plaque capricorne
plaque de Futuna
plaque indienne
plaque des Kermadec
plaque Maoke
plaque de Niuafo'ou
plaque du Sri Lanka
plaque des Tonga
plaque Woodlark

plaque caraïbe :
plaque de Panama

plaque de Cocos :
plaque Rivera

plaque eurasienne :
plaque adriatique
plaque de l'Amour
plaque anatolienne
plaque birmane
plaque ibérique
plaque iranienne
plaque de la mer de Banda
plaque de la mer Égée

plaque de la mer des Moluques :
plaque Halmahera
plaque Sangihe
plaque d'Okinawa
plaque de la Sonde
plaque de Timor
plaque du Yangtsé

plaque Juan de Fuca :
plaque Explorer
plaque Gorda

plaque nord-américaine :
plaque du Groenland
plaque de Jan Mayen
plaque d'Okhotsk

plaque pacifique :
plaque de Bird's Head
plaque de Bismarck Nord
plaque de Bismarck Sud

plaque des Carolines
plaque de l'île de Pâques
plaque des Galápagos
plaque des Galápagos Nord
plaque Juan Fernandez
plaque de Kula
plaque de Manus
plaque de la mer des Salomon
plaque des Nouvelles-Hébrides
plaque du récif Balmoral
plaque du récif Conway
plaque philippine :
plaque des Mariannes
plaque sud-américaine :
plaque de l'Altiplano
plaque des Malouines
plaque des Andes du Nord
plaque des Andes péruviennes

LES POILS

Tif, touffe, crin, cheveu, pelage, fourrure ou, dans un registre plus savant, phanère et trichome... Le poil est omniprésent dans le langage et aussi dans le vivant. Sa structure est variable : kératine pour les vertébrés, flagelline des bactéries, chitine des insectes... Nous autres humains possédons sur notre peau 4 à 5 millions de poils, soit une surface de 2 mètres carrés environ. L'animal au pelage le plus dense est la loutre, avec ses 130 000 poils par centimètre carré. Le poil existe depuis les premiers balbutiements du vivant sur notre planète. Depuis trois milliards d'années, l'eau grouille d'êtres vivants ciliés ou flagellés. Leurs poils permettent aux bactéries ou aux crustacés d'ajuster en permanence leur position dans l'eau. Des algues comme les cryptophycés se déplacent aussi avec leurs flagelles. Sur terre, les plantes n'ont rien à envier aux animaux quant à la pilosité : celle-ci est duveteuse sur la framboise, laineuse sur l'edelweiss, urticante sur l'ortie, vaporeuse sur la laîche, poisseuse sur le droséra, aérienne sur le pissenlit, accrocheuse sur la bardane, irritante sur le rosier des Alpes et le cynorhodon (« gratte-cul »), plumeuse sur les clématites. Au temps des dinosaures, le poil ne dominait pas, c'était le règne de l'écaille. Ce n'est qu'à la fin du Crétacé que les mammifères poilus et les oiseaux emplumés ont pu prendre leur revanche et coloniser ciel et terre. Chez les vertébrés, le poil remplit toujours un rôle de protection ainsi que de régulation de la température. Mais d'une créature à l'autre, il se spécialise. Chez la chauve-souris, il permet de condenser l'humidité des grottes et de la faire s'égoutter facilement ; la lapine utilise sa fourrure pour tapisser le nid où grandissent ses petits ; de nombreux animaux se repèrent dans l'espace grâce à leurs moustaches. Le poil peut même avoir une fonction sociale : l'épouillage réciproque par exemple, qui permet d'éliminer les parasites, est un facteur de bien-être et de cohésion du groupe.

C'est surtout chez l'homme, cet animal culturel, que la pilosité transcende sa simple fonction biologique. Les stratagèmes pour dresser, magnifier ou bien supprimer le poil remontent aux premiers hommes. La chevelure domestiquée de la « Vénus » de Brassempouy, statuette qui date de 25 000 ans, est une des preuves les plus anciennes du soin apporté aux cheveux. Symbole universel de l'énergie virile, le poil voit pourtant son langage varier en fonction des époques et des cultures. Il est « sensible aux moindres variations de l'histoire », écrit l'ethnologue Christian Bromberger. La forme d'une barbe ou d'une moustache peut traduire toute une allégeance idéologique. Inversement, le poil peut être un moyen d'exclusion : c'est le poil hirsute du barbare que l'on associe à l'animal sauvage. Il devient du même coup un instrument de transgression, un moyen d'expression pour les rebelles et les insoumis, l'uniforme de l'ermite qui s'est retranché de la société des hommes. Aujourd'hui le poil est plus que jamais traqué, épilé ; il est vu à tort comme un agent de saleté, alors qu'il a justement une fonction hygiénique. Mais les modes vont et viennent, alternant depuis toujours entre une tendance à éliminer tous les poils et des réactions vers des pilosités exubérantes. Le poil est un sujet d'étude anthropologique inépuisable, car il cristallise au fond les problèmes que se pose la société : la distinction entre l'homme et la femme, entre l'homme civilisé et le sauvage, entre l'homme et l'animal.

L'AMPOULE ÉTERNELLE

C'est l'histoire d'une ampoule qui brille depuis 1901 dans une caserne de pompiers située à Livermore en Californie. Baptisée « Centennial Light » en 2001 (« lumière centenaire »), elle est dotée d'une puissance de 4 watts. Cette doyenne de la lumière, avec son filament en carbone, n'a presque jamais été éteinte. Cette longévité serait due à sa faible puissance ainsi qu'à un apport de courant stable. L'ampoule de Livermore ne produirait plus que 0,3 % de sa luminosité originelle pour 7 % de sa puissance originelle. Les experts estiment qu'elle pourrait continuer à briller pendant des milliers, voire des millions d'années. La vie de cette ampoule est à suivre via une webcam qui la filme en continu et actualise les images toutes les 30 secondes.

Site officiel : www.centennialbulb.org

SENTENCES SUR LA SCIENCE

« Science sans conscience n'est que ruine de l'âme. » **Rabelais**

« Patience passe science. » **Pierre Gourdon**

« Parce que la science nous balance sa science, science sans conscience égale science de l'inconscience. » **MC Solaar**

« Il y a moins de l'ignorance à la science que de la fausse science à la vraie science. » **Ernest Psichari**

« Pas de patience, pas de science. » **Jean-Pierre Jarroux**

« Toute science crée une nouvelle ignorance. » **Henri Michaux**

« Les mathématiques, science de l'éternel et de l'immuable, sont la science de l'irréel. » **Ernest Renan**

« Notre avenir dépend non de la science politique, mais d'une politique de la science. » **Marc Gendron**

« Toute science commence comme philosophie et se termine en art. » **Will Durant**

« L'histoire est la science du malheur des hommes. » **Raymond Queneau**

« L'art est fait pour troubler. La science rassure. » **Georges Braque**

« La philosophie est la science des problèmes résolus. » **Léon Brunschvicg**

« La science décrit la nature, la poésie la peint et l'embellit. » **Buffon**

« La science est le capitaine, et la pratique, ce sont les soldats. » **Léonard de Vinci**

« Dans son puits de science, il n'y avait pas d'eau fraîche. » **Jules Renard**

« La morale doit être l'étoile polaire de la science. » **Stanislas de Boufflers**

« Si la religion fut longtemps l'opium du peuple, la science est en bonne place pour prendre le relais. » **André Breton**

« Ceux qui utilisent négligemment les miracles de la science et de la technologie, en ne les comprenant pas plus qu'une vache ne comprend la botanique des plantes qu'elle broute, devraient tous avoir honte. » **Albert Einstein**

TABLE DES MATIÈRES

Vous avez contribué chacun à votre façon à faire exister ce carnet de curiosités scientifiques. Je vous remercie tous infiniment et chaleureusement.

Charles Dantzig : alchimiste pour auteurs et piscines à bulles parfum violette.

Anatole Tomczak : compagnon joyeux d'après-midi et de dimanches studieux.

Jean-François Paga : œil et portraitiste au carré.

Paul-Raymond Cohen : embellisseur de contenus.

Élodie Deglaire : attachée attachante.

Anne-Julie Bémont : accompagnatrice solaire pour animateur à plume.

Frédéric Schlesinger qui a eu la drôle d'idée de me demander d'animer une émission scientifique il y a dix ans.

Laurence Bloch et Emmanuel Perreau qui me permettent encore de le faire dix ans plus tard...

Et puis Jean-Marc Levent, Agnès Farges et Agnès Nivière et tous ceux qui chez Grasset ont participé à l'élaboration du livre.

Magali Fourmaintraux aux éditions Radio France.

L'équipe de la Tête au carré : Stéphanie Texier, Violaine Ballet, Michèle Bedos, Chantal Le Montagner, Lucie Sarfaty, Anne-Cécile Perrin et Axel Villard. Et vous toutes et tous qui travaillez avec nous dans l'émission.

Et puis à AO : inspirateur miscéllanien pas banal, futur marathonien, agitateur d'idées et de vie. Merci pour ces moments.

Le Livre de Poche s'engage pour l'environnement en réduisant l'empreinte carbone de ses livres. Celle de cet exemplaire est de :

700 g éq. CO_2

Rendez-vous sur www.livredepoche-durable.fr

PAPIER À BASE DE FIBRES CERTIFIÉES

Composition réalisée par PCA

Achevé d'imprimer en septembre 2017 en Espagne par
UNIGRAF
Dépôt légal 1re publication : octobre 2017
LIBRAIRIE GÉNÉRALE FRANÇAISE
21, rue de Montparnasse – 75298 Paris Cedex 06

46/7719/8